2~6岁幼儿
蔬食营养全书

儿童健康蔬食小百科

台北慈济医院营养科 总策划

张亚琳　林育芳　郭诗晴　姚茶琼
胡芳晴　郭柏良　余俊贤
著

柯诗语　郑环凤　张馨晏
方怡婷　吴惠真
食谱制作

江西科学技术出版社

著作权合同登记号 图进字：14-2019-0278

图书在版编目（CIP）数据

2～6岁幼儿蔬食营养全书/张亚琳等著 .—南昌：江西科学技术出版社，2020.2

ISBN 978-7-5390-7015-5

Ⅰ.① 2… Ⅱ.①张… Ⅲ.①婴幼儿—保健—素菜—菜谱 Ⅳ.① TS972.162

中国版本图书馆 CIP 数据核字 (2019) 第 229014 号

国际互联网（Internet）地址：
http://www.jxkjcbs.com
选题序号：ZK2019308
图书代码：B19243-101

2~6 岁幼儿蔬食营养全书　　　　　　　　　　　　张亚琳等　著

出版发行	江西科学技术出版社	
社　址	南昌市蓼洲街 2 号附 1 号	邮编：330009
	电话：0791-86624275	传真：0791-86610326
经　销	各地新华书店	
印　刷	北京彩虹伟业印刷有限公司	
开　本	710mm×960mm 1/16	
字　数	197 千字	
印　张	13.5	
版　次	2020 年 2 月第 1 版 2020 年 2 月第 1 次印刷	
书　号	ISBN 978-7-5390-7015-5	
定　价	59.80 元	

赣版权登字 -03-2019-333

目录 | CONTENTS

推荐序1 | 让蔬食孩子吃得快乐又安心 /001

推荐序2 | 蔬食是一种健康饮食方式的选择 /002

推荐序3 | 让更多家庭开心、健康地享受蔬食 /004

推荐序4 | 孩子与父母最好的健康礼物书 /005

作者自序 | 为蔬食幼儿设计的营养专书 /006

医生告诉您·幼儿蔬食问&答

Q：成长中的幼儿是否适合素食 / 蔬食呢？ /002

Q：素食幼儿是否容易缺乏营养？如何避免，怎么补充？ /003

Q：全素食幼儿虽然在饮食上能达到营养均衡，
　　但其生长曲线是否有低于杂食幼儿的可能性？ /010

Q：全素食幼儿体能及运动表现比较差吗？ /011

Q：刚上幼儿园的儿童常生病，全素食幼儿生病频率是否更高？ /012

Q：幼儿食用过多的豆类制品是否会影响健康，如出现胀气？ /012

Q：接触手机等电子产品的年龄层已逐渐降低，该如何预防视力受损？ /013

本章参考文献 /015

蔬食幼儿营养补充要点

 吃素减少接触污染源，奠定健康基础 /020

 选对食物，素食宝宝也能高又壮 /021

幼儿饮食应营养均衡、少量多餐、分次给予 /021

全素食幼儿的食量依年龄、活动量而有区别 /022

蔬菜多多大阪烧 P101

迷迭香鹰嘴豆佐饭 P111

五彩香菇粥 P129

全素食幼儿营养建议量参考 /023

1 ~ 6 岁幼儿全素或纯素一日饮食建议量 /024

全素食幼儿五大类食物主要营养成分 /024

各类食物营养特性 /025

读懂一日饮食建议量 /027

五大类食物分量说明 /029

本书的饮食建议及食谱设计量 /031

1 ~ 6 岁全素食幼儿简易食物分量表 /032

素食幼儿饮食营养补充重点 /033

三餐应以全谷杂粮类为主食 /033

每天摄取深色蔬菜及新鲜水果 /034

持续摄取高钙食物 /034

含钙丰富的天然食物（每 100 克食物）/036

黄豆为优质蛋白质来源 /037

摄取优质油脂食物 /038

素食幼儿日常饮食注意事项及易缺乏营养素的补充 /039

幼儿饮食应清淡、多元、均衡 /039

素食幼儿易缺乏的营养素 /040

目录 | CONTENTS

豆腐炖饭　P133

🥄 **饮食应尽可能少油** /043

脂肪酸可分为三类 /043

相对健康的植物油数据及使用方法参考 /046

🥄 **优质素食食材的挑选及储存** /047

全谷杂粮类 /047

豆类 /048

蔬果类 /051

坚果油脂类 /053

🥄 **认识基因工程及转基因食物** /055

转基因作物带来的坏处 /055

常见转基因作物及产品 /056

各个国家及地区转基因食物标示说明 /056

🥄 **认识有机 / 无毒食材** /057

🥄 **有机 / 绿色 / 无公害食品标志** /058

🥄 **儿童专用餐具材质注意事项** /059

本章参考文献 /062

 Part 3 全蔬食幼儿营养补给站

主题 1　高钙 /066

素食幼儿更易缺钙吗？ /066
增加钙质吸收的因子 /066
降低钙质吸收的因子 /067
素食者钙质食物来源与含量 /068

主题 2　高铁 /070

素食幼儿更易缺铁吗？ /070
增加铁质吸收的因子 /070
降低铁质吸收的因子 /071
素食者铁质食物来源与含量 /073

玫瑰煎饺　P153

脆丝饭团套餐　P166

主题 3　高 Omega-3 脂肪酸 /074

素食幼儿更易缺 Omega-3 吗？ /074
增加 DHA 吸收的因子 /074
降低 DHA 吸收的因子 /075
素食者 Omega-3 脂肪酸食物来源
与含量 /076

主题 4　保护眼睛·叶黄素 /076

素食幼儿更易缺叶黄素吗？ /076
增加叶黄素吸收的因子 /077
降低叶黄素吸收的因子 /077
素食者叶黄素食物来源与含量 /079

主题 5　提升免疫力·维生素
C、E、B 族及叶酸 /080

素食幼儿更易缺乏维生素 C、E、
B 族及叶酸吗？ /080
增加维生素 C、E、B 族及叶酸吸收
的因子 /080

降低维生素 C、E、B 族及叶酸吸收
的因子 /081
素食者维生素食物来源与含量 /083

主题 6　强化骨质·维生素 D/086

素食幼儿更易缺维生素 D 吗？ /086
维生素 D 的来源 /086
增加维生素 D 吸收的因子 /087
降低维生素 D 吸收的因子 /087
活性维生素 D/087

主题 7　高锌 /089

素食幼儿更易缺锌吗？ /089
增加锌吸收的因子 /089
素食者锌食物来源与含量 /090

主题 8　把不爱吃的食材
变好吃 /091

主题 9　营养点心 /092

目录 | CONTENTS

阳光咖喱 P099

 全蔬食幼儿健康食谱

"全蔬食幼儿健康食谱" 的正确打开方式 /096

上菜喽

食谱 1　高钙 /099

01　阳光咖喱 /099

02　蔬菜多多大阪烧 /101

03　香浓菇菇面 /103

04　花生香豆彩蔬青酱面 /105

05　乌金荞麦面 /107

食谱 2　高铁 /108

01　双色卷卷饭＆萝卜味噌汤 /108

02　迷迭香鹰嘴豆佐饭 /111

03　番茄米豆饭套餐 /112

04　昆布什蔬拌饭 /114

05　红扁豆燕麦饭套餐 /116

食谱 3　高 Omega-3 脂肪酸 /119

01　日式煨乌龙面 /119

02　豆腐菇菇烩饭 /121

03　香煎米汉堡 /123

04　元气寿司套餐 /124

05　日式全家福暖心套餐 /126

食谱 4　保护眼睛 /129

01　五彩香菇粥 /129

02　五彩素云吞 /131

03　豆腐炖饭 /133

昆布什蔬拌饭　P114

香菇面线　P141

芋香豆腐煲　P165

04　爱心便当套餐 /134

05　番茄卷面套餐 /136

食谱5　提升免疫力 /139

01　豆浆炖饭 /139

02　香菇面线 /141

03　水果凉面 /143

04　意式蔬菜汤泡饭 /145

05　蔬菜面疙瘩 /147

食谱6　强化骨质 /148

01　阳光烤派特餐 /148

02　活力包菜卷套餐 /150

03　玫瑰煎饺 /153

04　柚香什锦菇方包 /155

05　光亮卷饼 /157

食谱7　高锌 /158

01　山药芋头煎饼 /158

02　芋香炊饭套餐 /160

03　芋菇炒饭 /162

04　芋香豆腐煲 /165

05　脆丝饭团套餐 /166

食谱8　把不爱吃的食材变好吃 /169

01　山药莲子粥 /169

02　青椒天妇罗 /171

03　苦瓜豆腐煎 /173

04　紫金元宝 /175

05　魔法锦囊 /177

食谱9　营养点心 /178

01　可可豆浆布丁 /178

02　田园蔬菜卷佐菠菜核桃酱 /179

03　芋丝海苔椒盐薯饼 /180

04　芋头紫薯西谷米 /181

05　豆腐食蔬包 /182

06　豆腐燕麦蔬菜煎饼 /183

07　奇亚籽水果布丁 /184

08　抹茶红曲藜麦馒头 /185

09　芝麻奇亚籽棒棒糖 /186

目录 | CONTENTS

奇亚籽水果布丁　P184

10　红豆薏仁西谷米 /187

11　红扁豆山药粥佐海苔酱 /188

12　食蔬豆皮卷 /189

13　椒盐菇菇米堡 /190

14　无水卤豆干 /191

15　燕麦黑糖糕 /192

16　绿豆山药粥 /193

17　翡翠燕麦汤 /194

18　燕麦杏鲍菇油饭 /195

19　糙米坚果花生米浆 /196

20　鹰嘴豆牛油果三明治 /197

抹茶红曲藜麦馒头 P185

燕麦杏鲍菇油饭　P195

推荐序 1｜让蔬食孩子吃得快乐又安心

文 / 赵有诚 佛教慈济医疗财团法人台北慈济医院 院长

随着生活水平的提高，营养过剩、营养失调问题日益普遍，加上饮食过于精致，大家都面临着体重过重甚至"三高"的危机。近年来，素食/蔬食逐渐受到重视，父母因饮食习惯或宗教信仰加入素食/蔬食行列后，自然希望孩子能从小养成素食/蔬食的习惯，"胎里素""儿童营养"等议题也应运而生。

学龄前儿童的成长发育相当重要，家长可能会困惑，素食/蔬食的孩子如何才能获得均衡的营养？目前，台湾地区的素食/蔬食营养书籍虽然普遍，但却独漏了学龄前孩子的饮食建议（大陆地区同样如此——编者注）。台北慈济医院营养师及儿科医师团队相当用心地关注到了这个相对被遗忘的年龄段群体，继而积极参考文献，从专业角度出发，推出这本《2～6岁幼儿蔬食营养全书》。

全书以严谨的科学态度、创新的思维架构，划分为四大部分。

第一部分以儿科医师的观点，针对茹素家庭的常见疑问，如"茹素易营养、热量不足吗""茹素易缺铁而贫血吗""全蔬食幼儿体能及运动表现比较差吗"等，逐一说明解答。

第二、三部分从营养师的角度解答素食/蔬食幼儿的营养补充要点，包括一日饮食建议量、食材食物挑选等，饮食方针简明易懂，相信对家长能有不少帮助。

第四部分提供许多美味健康的蔬食食谱，从大阪烧、意大利面、香菇粥、五彩素云吞到美味饭卷与寿司，种类应有尽有。除做法外，还清楚地注明了"营养分析"与"营养师小叮咛"，让孩子们吃得快乐又安心。

今年是我自己茹素的第八年。茹素后，我不仅每天精神饱满，体能充沛，连多年偏高的胆固醇指数也回归正常。蔬食饮食的好处相当多，不只保护自己的身体健康，也是不杀生、环保爱地球的实践。

《2～6岁幼儿蔬食营养全书》让开始蔬食的年龄更方便地向低龄段推展。期望这本极具教育意义的好书，能支持茹素家庭的饮食习惯及信仰，悲智双运。

推荐序 2 | 蔬食是一种健康饮食方式的选择

文 / 吴晶惠 佛教慈济医疗财团法人台北慈济医院 营养科主任

近年来，素食人口随着大众健康意识的增强而增长，民众茹素的原因不再只局限于宗教因素，更多的是源于健康环保的意识及食品安全方面的考量。素食已不再是狭隘的饮食限制，而是另一种生活方式的选择。

这股风潮与新型蔬食餐厅的增多相伴相随。我们可以发现，社会大众的饮食方式正悄悄地增加了蔬食这项选择，甚至蔬食的饮食选择还带点时尚的意味。

但是，蔬食的饮食选择，应该不只是新鲜的盲从，也不是过度的自我限制。我们期待以我们的专业传达给大家正确的蔬食饮食方式，让大家可以轻轻松松地吃到健康、无负担的自然食物。

引导学龄前儿童正确地从蔬食中摄取生长所需的营养，是这本书的初衷。我们期待能解除家长们在饮食上的疑惑，并且设定了不同的情境让家长轻松执行。

本书的缘起由专业的儿科余医师来说明：

学龄前的小朋友是否适合蔬食的饮食方式？蔬食的饮食方式会不会造成小朋友钙质不足，进而影响身高与体能？会不会因为蔬食的饮食内容而减少了某些营养素的摄取，造成小朋友营养不均衡，抵抗力弱、容易生病？豆类的摄取会不会造成小朋友的肠道不适？

余医师精辟的引言，让营养师依循此脉络，针对各年龄层小朋友的**五大营养素每日需求量**进行说明，进而着眼于如何制作出让孩子营养均衡、富含钙质的示范食谱，以及如何烹饪出保护眼睛、增强免疫力且好吃又吸引孩子的餐点，并且示范如何将孩子不爱吃的食物变得好吃，解决家里的剩菜问题。点心，是学龄前小朋友每日所必需的，如何提供合适的点心来增加必需的营养，是每个家长都需重视的问题。本书的结尾就针对这个问题进行了解说。

蔬食的饮食方式能提供学龄前小朋友足够的成长所需营养，并且绝对是一种健康又环保的饮食选择，让小朋友能在一个纯净的饮食环境中健康成长。

特别再强调，**蔬食不是一种限制性的饮食方式，而是一种健康饮食方式的选择**。当然这种健康的饮食方式是需要通过学习而使之更完善的，本书刚好是最佳的工具书。期待本书的出版能让家长更安心地为蔬食幼儿提供理想的饮食选择。

推荐序 3 | 让更多家庭开心、健康地享受蔬食

文 / 苏怡 彩石珠宝·纯素企业 董事长

大家好，我是彩石珠宝·纯素企业的董事长苏怡。

我自初中时期便茹素了，身高 165 厘米、体重 53 千克、BMI=20 的标准身材，颠覆了很多人觉得吃素会营养不良的观念。

我小时候吃素的时候，素食者没有现在的孩子这么幸福，到处都有各式各样的素食/蔬食餐厅，还有琳琅满目的蔬食书籍供家长参考。此刻我想推荐这本幼儿蔬食食谱书，它集结了专业营养师的建议，以及慈济医院营养科丰富的蔬食经验，是一本获得各方好评的蔬食食谱书。

本书值得我再次大力推介给想学习蔬食、爱护地球的新手父母，或是已经茹素多年，但对健康、饮食及均衡营养期许有更深层认知的读者们。

此刻我更想分享——实践蔬食的饮食方式已经刻不容缓，必须立即向大众倡导、推广。希望借由这本书能让更多人开心、健康地享受素食/蔬食，让地球更美丽，生活无伤害。

祝福所有读者，心灵提升、身体健康、快乐富足。

推荐序 4｜孩子与父母最好的健康礼物书

文 / 严心镛 善果餐饮集团 创办人

　　台湾地区的素食人口比例在 12% 左右，排行全球第二。各式素食/蔬食餐饮包罗万象，许多外籍人士来台后都赞叹不已，但却很难找到专门为幼儿设计的素食/蔬食餐点，甚为可惜！过去常听到许多父母及老人家有相同的质疑：素食/蔬食能满足幼儿的营养需求吗？

　　这些年，我从怀疑、接受再到支持，见证了许多素食/蔬食宝宝的实例，个个聪明健康，活泼可爱，让我树立起极大的信心！

　　感佩几位作者（医师及营养师）以无私大爱的真心，整理出如此专业且实用的蔬食幼儿食谱，这将是许多新手父母最好的礼物。在此表示感谢、感恩！

作者自序 | 为蔬食幼儿设计的营养专书

近年来，食品安全问题不断。受此影响，民众开始减少动物性食物摄取，转而选择风险较低的植物性饮食。另一方面，爱护动物及环保意识的增强，更让植物性饮食风行全球。

愈来愈多与植物性饮食相关的研究发现，蔬食的饮食方式包含较多的蔬菜、水果、全谷类以及其他植物性食物，除了提供丰富的营养素外，还能互相增强抗氧化素与植物生化素的效果，对许多疾病尤其是慢性病具有预防的作用。

我们本身是在蔬食医院工作的营养师，积累了不同领域的专业营养临床经验，在工作的过程中，经常接触到不同年龄层的茹素民众，发现其中有许多人因爱护动物的理念、环保意识或疾病而选择蔬食，但由于目前正确的蔬食营养知识并不普遍，许多民众在转换饮食后反而出现营养不均衡的状况。

全植物性（Vegan）的饮食方式在国外已流行多年，但在台湾地区，相应的蔬食营养知识尚不普及，人们对食物的认识尚不完善（大陆地区情况类似——编者注）。在对食物认识有限的情况下，蔬食者的选择大多是一般主食配青菜。其实这也是一种营养不均衡的偏食，并不会使人更健康，还会让家人、朋友担心。

蔬食不只是"不吃肉"这么简单，尤其是对处于特殊生命期的人们，如婴儿、幼儿、青少年、孕妇、哺乳期妇女、老年人等，需要多了解正确的蔬食知识，才能给健康带来长远的好处。

随着食品安全问题的剧增，食品安全及营养教育的重要性日渐显现，尤其是同理心和尊重生命的观念，需要从小开始一点一滴地灌输。教育是整个社会的责任，但愿从我们开始，从农场到餐桌，从牧场至屠宰场，一起让孩子作出友善的选择。畜牧业排放的二氧化碳是造成全球变暖的主因，为了生态环境及下一代，我们期望可以运用自身专业及丰富的临床经验，**制作出一本善待动物和自然环境的营养食谱，给孩子一个健康的未来。**

多数家长对于孩子是否应该选择蔬食有很多担心，包括"是否会营养不均衡造成生长发育问题""孩子不喜欢吃蔬菜"等。坊间为幼儿设计的营养食谱书籍不多，针对蔬食幼儿设计的则更少之又少。

期望这本书带给**不确定孩子蔬食是否能均衡健康、无法确定外食食品是否安心、自行制作却又力不从心**的家长们一系列**简单易制作、安全又安心**的营养蔬食食谱，让家长们不再被繁杂的料理过程打败，也能带着欢喜的心与孩子一同制作，好吃又好玩，并在陪伴孩子的过程中，一起认识食材，共同学习营养知识。

需要补充说明的是，本着对蔬食幼儿健康负责的态度，本书由多位研究侧重点不同的专业医师及营养师共同写作而成，以保证内容上的专业性、互补性和全面性。但同时，由于有些重要知识是多位作者都想要强调的（例如部分营养素的摄取问题），所以各位作者的表述有一定的重复性，这在本书第二部分和第三部分可见。

对此，我们认为，越是多位专业医师、营养师都想要强调的内容，就越是在幼儿饮食及成长过程中需要特别注意的地方。这些内容在书中以不同的形式重复出现，对读者来说，有加深印象、记牢知识点的作用，所以予以了保留。当然，如果是读者早已熟知的知识，阅读时大可以直接跳过，但如果是不熟悉而又是医师、营养师反复提及的知识，那就不妨认真阅读，好好学习吧。

在此，祝孩子们吃得健康、茁壮成长！

妈妈手记

医生告诉您· 幼儿蔬食问&答

Part 1

Q 成长中的幼儿是否适合素食 / 蔬食 ① 呢？

A 素食 / 蔬食可提供均衡、充足、多样化的食物种类，成长中的幼儿可以快乐享用，健康成长。

素食/蔬食是健康的饮食方式，素食/蔬食者肥胖、冠心病、高血压及糖尿病发病率较低。因此，愈来愈多的成人开始素食/蔬食，也希望并乐于让他们的孩子从小就开始素食/蔬食。

素食/蔬食可以简单分为蛋奶素、蛋素、奶素或全素（纯素）。依据现今饮食建议及专家意见，摄取均衡、充足、多样化的素食/蔬食，并注意热量、蛋白质、铁、锌、钙、维生素D、维生素B_{12}、Omega-3长链不饱和脂肪酸及膳食纤维的充足摄取，可以保证学龄前幼儿的正常生长与发育。反之，若不注意上述营养素的均衡摄取，如某些限制严格的素食/蔬食方式，发生上述营养素缺乏的可能性是存在的。

因此，让幼儿可以快乐享用素食/蔬食并健康成长，重点是提供均衡、充足、多样化的食物种类！然而，什么是均衡、充足、多样化的素食/蔬食？如何知道？如何做到？如何为成长中的幼儿准备营养均衡的素食/蔬食？就让本书作者——专业营养师——来教您，让您的孩子吃得快乐又健康。

营养师小叮咛

全素食的母亲若亲自哺乳6个月～1岁的婴儿，则自己要在饮食上做到营养均衡，可参考本书第二部分营养师的每日饮食建议量及营养补充法，吃到足够的量，将全素饮食中易不足的营养素补足即可。

---

① 素食与蔬食意思相近。蔬食的含义更偏向于全植物性饮食，不吃包括蛋奶在内的一切动物性饮食。

素食幼儿是否容易缺乏营养？如何避免，怎么补充？

适当规划、均衡充足的素食 / 蔬食，能提供成长中的幼儿生长所需的热量、蛋白质及其他必需营养素。

茹素易营养、热量不足吗？

成长中的幼儿需要充足的热量，以应对快速生长发育所需。当热量的摄取不足时，通常也意味着其他必需营养素的摄取不足。在这种情况下，人体会将蛋白质作为热量的来源，而非用来制造身体重要的组织，因而影响生长发育。

素食/蔬食具有高纤维低热量的特质，且因为高纤维容易有饱足感，热量的摄取会比较少。因此，确保热量摄取足够，对素食/蔬食幼儿来说非常重要。成长中的幼儿胃容量小，如果饮食量不够，确实会有热量摄取不足的危险。豆类食品是热量、蛋白质及钙质等营养素的优良来源。

◎摄取方式

完全不食用动物性食品的全素食幼儿，若不注意，热量摄取不足的风险可能较高。专家建议的解决方法：

（1）多餐，包括富含热量与营养素的正餐和点心，如经过烹调的蔬菜、涂上坚果酱或花生酱的全谷类面包（对坚果类过敏的幼儿不宜）、豆类、高热量水果（例如香蕉、榴梿）等。

（2）摄取添加营养素的强化谷物和强化豆奶，以及牛油果、水果干（葡萄干、无花果干）等。

适量摄取高热量的牛油果、坚果、水果干，可补足全素食幼儿的热量需求。

茹素影响脑部发育吗?

人类脑部的发育从胚胎时期开始。从出生到3岁,是脑部细胞发育的高峰期,脑重量增加三倍,3岁幼儿的脑重量已达到成人脑重量的 $\frac{2}{3}$。到6~7岁,脑部发育趋于完全,6岁幼儿脑部的尺寸已达到成人的95%。脑部的快速成长发育,对营养的需求特别高,因此,提供正确均衡的营养,包括热量、蛋白质、脂肪(磷脂及多不饱和脂肪酸)、胆碱、铁、碘及维生素B族等,对于幼儿脑部的成长、发育及大小非常重要。

蛋白质: 人体利用蛋白质来制造和修补组织细胞,制造神经递质(血清素、多巴胺、去甲肾上腺素等)。摄取足够的蛋白质,可使脑部神经细胞的代谢传导更活跃,促进脑部发育。

脂肪: 磷脂是制造细胞膜及神经髓鞘的主要成分,有助于记忆力和注意力的增强;多不饱和脂肪酸EPA及DHA,是支持神经系统细胞生长及维持其活力的一种主要成分,也是视网膜细胞的重要成分,是脑部发育和视力发育不可或缺的营养素。

胆碱: 是构成细胞膜的重要成分,也是神经递质"乙酰胆碱"的先驱物,主要参与对肌肉的控制和脑部记忆等生理活动。因为人体无法完全自行合成胆碱,所以得从食物中摄取补充,来帮助幼儿的脑部发育。

铁: 帮助神经传导。人体缺铁,会导致血红蛋白合成减少,进而造成缺铁性贫血。研究显示,缺铁性贫血将影响幼儿的智商与学习能力。

碘: 是甲状腺素的主要成分,可促进幼儿生长发育,预防甲状腺肿(俗称"大脖子病")。缺碘会导致生长迟缓、智力低下等疾病。

维生素B族: 帮助脑部对糖类的利用,促进热量代谢顺畅及维持髓鞘的完整性。维生素B族不足,可能会影响思维能力与学习效率。其中,叶酸及维生素 B_{12} 是重要的造血元素,如果严重不足会导致恶性贫血,造成神经系统的损害,影响大脑机能的正常运作。

◎摄取方式

全素食幼儿如何正确均衡全面地摄取蛋白质、铁及维生素B族等，说明如下：

植物性食物中，豆类尤其是大豆及大豆制品（比如豆腐、腐竹等）、玉米、坚果、种子、牛油果等都是合适的蛋白质、锌和脂肪来源。通过食物摄入的脂肪，还能帮助身体吸收脂溶性维生素。植物性食物可以提供足够的Omega-6脂肪酸[①]，但是Omega-3脂肪酸[②]（EPA及DHA）可能不足。藻类植物、亚麻籽、奇亚籽、核桃等植物性食物可以提供Omega-3脂肪酸。

虽然Omega-3脂肪酸（EPA及DHA）是脑部发育和视力发育不可或缺的营养素，但是对于成长中幼儿，Omega-3脂肪酸（EPA及DHA）的需求量目前仍没有标准建议。

完全不食用动物性食品的全素食幼儿，Omega-3脂肪酸的摄取量可能不足。专家建议：

（1）多摄取富含α-亚麻酸（即Omega-3不饱和脂肪酸）的食物，如亚麻籽、奇亚籽、核桃。

（2）摄取植物来源的DHA，如素食藻油（由海藻提炼，有机食品店有售）。

---

① 即N-6多不饱和脂肪酸，又称Omega-6脂肪酸、ω-6脂肪酸、Omega-6不饱和脂肪酸、ω-6不饱和脂肪酸、Omega-6、ω-6。

② 即N-3多不饱和脂肪酸，又称Omega-3脂肪酸、ω-3脂肪酸、Omega-3不饱和脂肪酸、ω-3不饱和脂肪酸、Omega-3、ω-3。主要包括：α-亚麻酸（ALA）、二十碳五烯酸（EPA）和二十二碳六烯酸（DHA）。Omega-3脂肪酸在食物中主要以α-亚麻酸（ALA）的形式存在。

茹素易缺铁而贫血吗?

在人体中，铁主要用来建构红细胞中的血红蛋白。人体借由红细胞中的血红蛋白来运送氧气。当体内铁不足时，人体就无法合成足够的血红蛋白，形成缺铁性贫血，也就无法运送足够的氧气来满足身体活动的需求。研究显示，缺铁性贫血会影响幼儿的智商与学习能力。此外，核酸、蛋白质、糖类及脂质的利用都需要铁，一旦缺铁，将干扰钙与钾的功能，进而引发代谢异常。

一般人总是把铁和红肉联想在一起，因此认定素食/蔬食会造成贫血。其实，动、植物性食物都含有铁质，只是性质不同，吸收率也有差异。动物性食物（如红肉与内脏等）含有的铁质，称为血红素铁，具有一定的健康风险；植物性食物（如豆类、深绿色蔬菜、全谷类及坚果类等）中所含的铁质，称为非血红素铁，是较理想的铁质来源。

人体对血红素铁的吸收率（15% ~ 35%）优于非血红素铁（2% ~ 20%）。[1]非血红素铁的吸收容易受到食物中其他成分（如植酸及草酸等）的干扰。另外，蛋与奶不算是铁质的优良来源，过量的牛奶或奶制品会阻碍铁的吸收。

◎摄取方式

素食/蔬食幼儿，缺铁的风险确实比杂食幼儿高，而完全不食用动物性食品的全素食幼儿发生缺铁的风险更高。不过，这些缺铁的风险问题，可以轻易地被解决。专家建议：

（1）增加铁质的摄取，包括食用含铁丰富的深绿色蔬菜、豆类（特别

---

① 人体对动物铁的吸收没有调控机制，来者不拒，因此摄入动物性铁易导致人体铁过量，从而提高癌症、糖尿病、冠心病、动脉硬化等多种疾病的罹患风险；相反，人体对植物性铁有自动调控机制，缺则吸收，多则停止吸收，从而保持人体铁含量的适度与平衡。

是黄豆及其制品）、坚果、全谷类及添加铁的早餐谷物等。

（2）和富含维生素C的食物一起吃。

（3）避免将含铁食物和茶或可可等植酸和草酸含量较高的饮料一起食用。

全素的幼儿可以多吃富含铁的深绿色蔬菜、坚果、豆类（包括黄豆制品）、全谷类。

 茹素会缺钙而影响发育吗？

钙是人体中含量最多的矿物质。身体内大部分的钙储存于骨骼和牙齿中，只有1%分布在组织或体液中。钙对婴幼儿的骨骼发育非常重要，对牙齿的发育与保护，以及细胞的新陈代谢也有重要作用。

在细胞内，钙和许多生理反应有关，包括神经传导、血液凝固、酵素活化、激素分泌以及心肌的正常功能等等。可以说，包括神经、内分泌、免疫、消化、循环在内的各种生理机能的正常运作都不能缺少钙。

人体无法自行生成钙，必须通过摄取相关营养元素并在体内合成来获得。对于全素食幼儿，水果、蔬菜、豆腐和豆干都可作为钙的来源。但是，从植物性食物摄取足够的钙，需要比较大的蔬果摄取量。同时，水果和蔬菜中的钙也比较难吸收，容易受到食物中其他成分（如植酸及草酸等）的干扰。

◎摄取方式

完全不食用动物性食品的全素食幼儿，食物来源的钙摄取量可能偏低，缺钙的可能性比较高。专家建议的解决方法：

（1）多吃天然高钙的深绿色蔬菜，如西兰花、羽衣甘蓝、小白菜、白菜及芥菜等。

（2）多吃添加钙的食品和饮品，如豆腐、豆干、高钙豆奶、高钙豆浆、添加钙的早餐谷物或柳橙汁等。

（3）多晒太阳，帮助人体自行合成维生素D，或吃富含维生素D的食物，以促进钙质的吸收（见本书P86"全蔬食幼儿营养补给站·主题6"）。

（4）避免将含钙食物和茶或可可等植酸和草酸含量较高的饮料一起食用。

深绿色蔬菜是天然的高钙食物，可作为全素食幼儿的钙质来源。

 茹素易蛋白质不足吗？

蛋白质是我们身体各个组织器官的主要成分。人体利用蛋白质来制造和修补细胞，帮助维持体内的水分、电解质、酸碱平衡及营养素的运输等。蛋白质由氨基酸构成。人体能自行合成的氨基酸称为非必需氨基酸。人体需要却不能自行制造，需由饮食中摄取的氨基酸，则称为必需氨基酸。

◎摄取方式

　　大众普遍认为动物性食物是蛋白质的来源，其实植物性食物也含有蛋白质。人体所需的必需氨基酸都能从植物性食物中取得。全谷类、豆类、坚果类与种子等食物，可以提供充足的蛋白质，只要确保饮食中含有多样化的植物性食物即可，不需在单独一餐中吃下所有的必需氨基酸。

　　食物摄取均衡、充足、多样化的全素幼儿，蛋白质的摄取量通常足够其正常生长发育所需。但考虑到植物性食物蛋白质的可消化性与生物可利用率等因素，专家建议，相较于非素食幼儿，完全不食用动物性食物的全素食幼儿应至少增加30%的蛋白质摄取量。

摄取均衡的全谷、豆类，蛋白质摄取量应足够。

 茹素易缺乏维生素 B_{12} 吗?

　　维生素 B_{12} 的确要注意额外补充。

　　维生素 B_{12} 负责维护神经系统（脑、脊椎和神经细胞）的功能。它也是红细胞不可或缺的维生素，负责红细胞的制造，促进红细胞的发育和成熟，预防巨红细胞性贫血的发生。我们每日所需的维生素 B_{12} 并不多，但必须从饮食中获取。

　　维生素 B_{12} 只存在于动物性食品中（养殖业产出的动物性食物中的维生素 B_{12} 来自动物饲料中人为添加的维生素 B_{12}，添加的目的是促进动物生长），一般植物

性食物不含维生素B_{12}（农家肥养大的农作物除外）。虽然，植物性食物如海藻类（海带、紫菜等），发酵的黄豆制品如味噌、天贝等号称含有维生素B_{12}，其实这些植物性食物所含的是维生素B_{12}的类似物，并没有维生素B_{12}的生物活性。

◎摄取方式

对于全素食幼儿，可靠的维生素B_{12}来源有两个：

（1）额外添加维生素B_{12}的食物（家长应查阅食物营养标签）。

（2）含有维生素B_{12}的营养补充品，例如维生素B_{12}补剂（药店购买的维生素B_{12}片，通常售价为几元钱，幼儿每天吃半颗或隔天吃一颗即可）或维生素B族（若有需要）。

发酵的黄豆制品，含维生素B_{12}类似物。

Q 全素食幼儿虽然在饮食上能达到营养均衡，但其生长曲线是否有低于杂食幼儿的可能性？

A 不会喔！

若能摄取均衡、充足、多样化的营养食物，素食/蔬食或全素食幼儿的生长发育与一般的杂食幼儿是没有差异的。素食/蔬食或全素食幼儿通常是会偏瘦，不过，在限制太严格的饮食方式或幼儿挑食的情况下，不管素食/蔬食、全素或杂食，都可能出现热量、蛋白质、铁、锌及钙等营养素摄取不足的情况，进而导致幼儿体重或身高不足。

全素食幼儿体能及运动表现比较差吗?

A 不会喔!

素食/蔬食是健康的饮食方式。均衡、充足、多样化的素食/蔬食可以满足身体活动所需的热量与营养需求。即使在竞技运动方面,规划完整的素食/蔬食,也可以有效满足运动员在运动量、运动表现及运动后恢复等方面所需的营养。近几年来,许多优秀的职业/业余运动员,也都是素食/蔬食者。

专家建议,采取素食/蔬食的运动员,应增加大约10%的蛋白质摄取量,以满足训练或比赛的需要,并注意维生素B$_{12}$、维生素D、钙及铁的摄取量。

素食/蔬食幼儿与杂食幼儿,在体能及运动表现上是否有差别,目前并没有这方面的相关研究或科学数据。但是,如前所述,摄取均衡、充足、多样化的营养,素食/蔬食或全素食幼儿的生长发育与一般杂食幼儿没有差别。因此,均衡、充足、多样化的素食/蔬食应该可以提供足够的热量与营养,满足成长中幼儿的身体活动所需。

充足、多样化的饮食,才是健康吃素的方法。

不过,素食/蔬食具有高纤维低热量的特质,而且因为高纤维容易有饱足感,素食/蔬食饮食方式热量的摄取就会比较少,连带地会影响到蛋白质、钙、铁、维生素B$_{12}$及维生素D的摄取量。因此,严格的全素食幼儿,因为热量与蛋白质的摄取不足,导致体能与运动表现比较差,也是有可能的,可参考本书第四部分营养师设计的全素食谱来补充。

Q 刚上幼儿园的儿童常生病，全素食幼儿生病频率是否更高？

A 不会喔！

婴幼儿每年平均会有 6～8 次伴有发烧症状的感染。常见的感染为上呼吸道感染，多数为病毒引起，包括鼻病毒、呼吸道合胞病毒、肠病毒、腺病毒及流行性感冒病毒等。只要婴幼儿的免疫功能正常，感染的症状如咳嗽、鼻塞、流鼻涕等，通常两周内就会痊愈。

刚上幼儿园的儿童，生病的次数确实会增加。这是因为他们可能常揉眼睛、抠鼻子、将手指放进嘴巴，以及刚到新环境，长时间待在室内，接触到更多的其他儿童等，使接触到病原菌的机会大增，从而使因感染导致生病的次数增加。这些都和儿童是否素食/蔬食没有关系。

预防感染的方法是勤洗手，养成良好的卫生习惯。生病发烧期间，应居家隔离，多休息并补充足够的水分。

Q 幼儿食用过多的豆类制品是否会影响健康，如出现胀气？

A 可以遵循少量多样、渐进式增加摄取量的原则。

豆类富含营养素，包括丰富优质的蛋白质、纤维素、铁、钙、锌及维生素B族等等，对健康很有益处。素食/蔬食幼儿可以从豆类食物中获得成长所需的蛋白质和其他必需营养素。

依据最新的研究报告及专家意见，豆类食物对所有年龄层的人都是安全的，包括婴幼儿。摄取豆类食物不会导致女童性早熟，或影响男童的生殖系统。

所有含蛋白质的食物（包括豆类）都有可能在某些人身上引发过敏。虽然豆类蛋白质名列"八大食物蛋白质过敏源"之一，但是对豆类蛋白质过敏的幼儿人数远低于对花生或牛奶蛋白质过敏的人数，过敏症状也比较轻微，而且对于豆类蛋白质过敏的幼儿在3岁以后过敏症状会明显缓解。当然，对豆类蛋白质过敏的幼儿，在摄取豆类蛋白质时应注意过敏症状，或向儿科医师咨询。

豆类食物含寡糖类，主要成分是水苏糖（stachyose）、棉子糖（raffinose）和蔗糖（sucrose）。人体肠道内因为缺乏某些可以消化寡糖类的酶，所以如果食用过多的豆类食物制品，这些寡糖类会因无法在小肠中被分解吸收而进入大肠，被肠道中的细菌分解，并产生多种气体，包括氮气、二氧化碳及甲烷等。这些气体如果无法顺利排出肠道，便会造成腹胀气。

要摄取豆类食物的营养又避免腹胀气的困扰，可以采取少量多样、渐进式增加摄取量的方法，例如摄食豆腐、豆豉、味噌、毛豆，或不加糖但添加钙、维生素A、维生素D的强化豆奶等等。

Q 接触手机等电子产品的年龄层已逐渐降低，该如何预防视力受损？

A 减少手机等电子产品的使用时间，多接触大自然，饮食中可选择富含叶黄素及胡萝卜素的食材。

手机等电子产品屏幕鲜艳、亮度高，发出波长短、能量强的蓝光。长时间注视电子产品屏幕，眼睛容易疲劳、酸涩，易导致近视或散光，甚至引起黄斑部病变，造成视网膜的永久损伤，因此家长们不可忽视电子产品对孩子视力可能造成的严重伤害。

根据眼科医师的专业建议，对于幼儿的视力保健，家长可以采取以下方法：

（1）避免不当的用眼行为：长时间、近距离使用手机等电子产品对视力伤害最大。年龄愈小的幼儿，每次的使用时间应愈短。每次的使用时间不宜超过

30分钟，一天的使用时间不宜超过1小时。使用计算机时，眼睛与屏幕应距离50～60厘米。操作智能手机与平板电脑，至少要保持30厘米以上的距离。避免趴着或躺着观看各种电子产品。不在摇晃的车厢内使用智能手机与平板电脑。

（2）定期接受视力检查：3岁以上的幼儿应到眼科门诊进行全面性的检查，往后宜每半年追踪检查一次，确保幼儿的视力健康。

（3）充足明亮的照明设备：光线要充足舒适，避免在昏暗的环境下注视电子产品屏幕。

（4）走向户外，接触大自然：眺望远方可放松眼部肌肉。适当日晒可促使体内制造维生素D，有助于维护视力健康。

（5）选择天然的护眼食物：选择富含叶黄素及胡萝卜素的食材，有助于保护眼睛免受氧化及高能量光线的伤害；食用有抗氧化效果的蓝莓、柑橘类水果，也可防止体内的自由基对眼睛造成伤害。

（6）保持充足的睡眠时间：睡眠可让眼部肌肉得到完全的放松，充足的睡眠是预防近视最简单的方法。

食用蓝莓有助于维持视力健康。

本章参考文献

[1] Demory-Luce D, Motil K J. Vegetarian diets for children[EB/OL]. (2017). https: //www.uptodate.com/contents/vegetariandietsforchildren.

[2] Schurmann S, Kersting M, Alexy U. Vegetarian diets in children:a systematic review[J]. Eur J Nutr,2017,56（5）:1797.

[3] Appleby P N, Key T J. The long-term health of vegetarians and vegans[J]. Proc Nutr Soc,2016,75（3）:287.

[4] Van Winckel M, Vande Velde S, De Bruyne R, et al. Clinical practice: vegetarian infant and child nutrition[J]. Eur J Pediatr, 2011,170（12）:1489.

[5] 徐嘉. 非药而愈：一场席卷全球的餐桌革命[M]. 南昌：江西科学技术出版社，2018：213.

[6] 伍卉苓. 营养蔬国 [M]// 慈济道侣丛书. 2015.

[7] Prado E L, Dewey K G. Nutrition and brain development in early life[J]. Nutrition Reviews ,2014,72:267-284.

[8] Gomez-Pinilla F. Brain foods: the effects of nutrients on brain functions[J]. Nature Reviews, 2008,9:568-578.

[9] Pawlak R, Bell K. Iron Status of Vegetarian Children: A Review of Literature[J]. Ann Nutr Metab,2017,70（2）:88

[10] Gibson R S, Heath A L, Szymlek-Gay E A. Is iron and zinc nutrition a concern for vegetarian infants and young children in industrialized countries? [J]. Am J Clin Nutr,2014,100 (Suppl 1):459S.

[11] Domellöf M, Braegger C, Campoy C, et al. Iron requirements of infants and toddlers[J]. J Pediatr Gastroenterol Nutr,2014,58（1）:119.

[12] Tucker K L. Vegetarian diets and bone status[J]. Am J Clin Nutr, 2014,100 (Suppl 1):329S.

[13] Pawlak R, Lester S E, Babatunde T. The prevalence of cobalamin deficiency among vegetarians assessed by serum vitamin B_{12}: a review of literature[J]. Eur J Clin Nut,2014, 68（5）:541-548.

[14] American Dietetic. American College of Sports Medicine position stand[J]. Nutrition and athletic performance,Med Sci Sports Exerc, 2009, 41（3）: 709-731.

[15] Ministry of Health, State of Israel. Updated Information on Soy Consumption and Health Effects[EB/OL].(2018). https://www.health.gov.il/English/Topics/ FoodAndNutrition/Nutrition/Adequate_nutrition/soy.

[16] Messina M, Rogero M M, Fisberg M, et al. Health impact of childhood and adolescent soy consumption[J]. Nutrition Reviews, 2017,75:500-515.

[17] 妈咪宝贝.爱用手机等电子产品当保姆，当心孩子的视力拉警报[EB/OL]. (2018-03).http://www.mababy.com

[18] Abegglen L M. Effect of Time Spent Outdoors at School on the Development of Myopia Among Children in China: A Randomized Clinical Trial[J]. JAMA,2015,314（11）:1142-1148.

[19] Sherwin J C. The association between time spent outdoors and myopia in children and adolescents[J]. Ophthalmology ,2012,119:2141-2151.

[20] Straker L, Maelen B, Burgess-Limerick R, et al. Evidence-based guidelines for the wise use of computers by children: Physical development guidelines[J]. Ergonomics,2010,53:458-477.

[21] Straker L, Abbott R, Collins R, et al. Evidence-based guidelines for wise use of electronic games by children[J]. Ergonomics,2010,57:471-489.

妈妈手记

蔬食幼儿营养
补充要点

Part
2

想让宝宝或小朋友吃素，但家人却说吃素营养不足，会长不大。究竟婴幼儿能不能吃全素呢？还是要挑哪一种素更适合？其实，只要食物选择多样化，吃素对大部分的宝宝来说，不会产生营养方面的问题，而且因为选择素食减少了与环境污染源及不良油脂的接触，**反而对健康更有帮助。**

吃素减少接触污染源，奠定健康基础

素食可分全素（纯素）、奶素、蛋素、奶蛋素，以及和宗教有关的五辛素等。所有营养素在植物性食材中都能摄取到。

2009 年，美国营养协会（American Dietetic Association）发表的一篇针对素食饮食的论文（Craig W. J., et al., 2009）提到：适当规划的素食，包括全素饮食，是健康的、营养充足的，并且在预防和治疗某些疾病方面有健康益处。精心策划的素食饮食也适合生命周期各个阶段的人，包括孕妇、哺乳期妇女、婴儿、幼儿和青少年，以及运动员。

英国营养协会（British Dietetic Association）也声明，素食的饮食方式适合所有年龄层。对于婴幼儿来说，如果照顾者与营养师共同仔细规划孩子的蛋白质、主食、脂肪等的摄取，确保孩子摄入足够的热量及营养素来帮助其成长，那么纯素饮食也可保证其营养完整，不必有营养不足的顾虑。

同时，在现今的饮食及生活环境状况下，素食的饮食方式也为家庭提供了一个从小就让孩子接触、学习营养知识及健康饮食原则的机会，更可降低孩子未来患心血管疾病、某些癌症及糖尿病的概率。

此外，选择素食，食物来源比较干净。幼儿不吃动物性食物，接触到环境污染物的概率自然减少，抵抗力因此提升，对健康一定有帮助，还可避免来自肉类的油脂，从小就保护好心血管。

婴幼儿吃素通常是跟着妈妈，妈妈吃哪种素，宝宝就跟着吃，所以妈妈本身在营养方面要具备正确且充分的知识，才能让宝宝吃到搭配合理、营养均衡、种类丰富的食物。如果宝宝原本吃荤，想要让他改吃素，可从一天一餐或两餐开始，慢慢改变，并可参考本书中营养师的建议。

那么，养育素食/蔬食宝宝，还有哪些需要注意的事项？如何保证孩子营养充足，最大程度发挥素食/蔬食的优势？且看营养师以下几点建议。

选对食物，素食宝宝也能高又壮

不管是不是素食/蔬食家庭，为学龄前孩子提供饮食都是一种挑战，主要原因是幼儿对外界的好奇心远大于对食物的兴趣，而 2 岁以上的幼儿甚至已经开始有自己独立的想法，开始挑剔食物的形状、味道、大小，来证明自己的个人特质，经常无法好好坐着专心吃饭。

 幼儿饮食应营养均衡、少量多餐、分次给予

根据 2011 年的台湾地区婴幼儿体位与营养状况调查结果，目前台湾地区 1 ~ 6 岁幼儿的叶酸平均摄取量有不足的现象，尤其是 4 ~ 6 岁年龄段，竟有高达 72.7% 的幼儿叶酸摄取量未达建议量的 $2/3$。另外，在 1 ~ 6 岁幼儿中，钙、铁及维生素 B_1 摄取量未达建议量 $2/3$ 者也超过了 10%。

幼儿期孩子的生长速度虽不像婴儿时期那样快，但随着身体的逐渐成长，各营养素及热量需求仍会不断增加。此时母乳的摄取逐渐减少，取而代之的是各式食物。因为幼儿胃容量不大，所以饮食上应遵循营养均衡、少量多餐、分次给予的原则，同时也应尽量选择高营养密度[1]的食物来满足幼儿的营养需求。

---

[1] 营养密度：指食品中以单位热量为基础所含重要营养素（维生素、矿物质和蛋白质）的浓度。营养密度＝营养素含量/食物热量。

尤其是全素食幼儿，父母在食物的选择上更应多加注意和学习，选对食物，才能让全素食宝宝的营养摄取、成长发育不输于杂食宝宝，甚至比杂食宝宝更健康。因此本书不但适合素食/蔬食幼儿，也适合一般幼儿的父母供餐时参考。

选对高营养密度食物，可以获得充足的营养。

 全素食幼儿的食量依年龄、活动量而有区别

一般而言，1 ~ 6 岁幼儿每日的饮食建议，可依幼儿的年龄及活动量来区分及建议。

◎依年龄

1 ~ 3 岁：男女幼儿活动与体型差异不大，因此对于营养与热量的需求类似，仅依活动强度不同（稍低、适度）给予饮食建议。

4 岁以后：男、女幼儿体型开始有些差异，所需要的热量与食物分量稍有不同，因此除依活动量不同来建议之外，也依性别的不同，给予不同的热量及对应的五大类食物的建议量。

◎依活动量

幼儿的饮食量又与其活动量相关。一般活动量大的孩子，热量需求较多。以同年龄、同性别的幼儿来说，不同活动量的饮食热量建议量相差 200 ～ 250 卡。例如 1 ～ 3 岁的幼儿，适度活动量者，需要比低活动量者一日多摄取半碗全谷杂粮类（主食）及 1 份豆类（蛋白质）。而 4 ～ 6 岁的幼儿，男孩适度活动量者，要比低活动量者一日多摄取半碗全谷杂粮类、1 份豆类与 1 份坚果种子类（油脂）；女孩适度活动量者，则需比低活动量者一日多吃 1 碗全谷杂粮类。可将增加的饮食量分配在正餐及点心中。

活动量稍低： 为生活中大部分时间坐着画画、听故事、看电视，一天当中有约 1 小时不太剧烈的活动，如走路、慢骑自行车、荡秋千等。

适度活动量： 为生活中常常玩游戏、唱唱跳跳，一天当中有约 1 小时较剧烈的活动，如爬上爬下、跑来跑去等。

本食谱中，1 ～ 3 岁以及 4 ～ 6 岁幼儿的食物分量，皆以"适度活动量"的幼儿饮食建议量为标准来设计一日餐点。为了方便食谱设计与分量统一，食谱中 4 ～ 6 岁幼儿的食物分量部分，以男女平均值——一日 1600 ～ 1700 卡设计，可以满足大多数 4 ～ 6 岁幼儿的需求。

 全素食幼儿营养建议量参考

素食宝宝依年龄及活动量，有不同的热量及食物分量建议，父母可参考营养师提供的"1 ～ 6 岁幼儿全素或纯素一日饮食建议量"表。至于食物的分量，父母可依"五大类食物分量说明"表（请参照P29 ～ P30），找到符合孩子的建议量，并将一日饮食量分配于一天的正餐与点心中，即可达到此时期幼儿一日应该摄取的热量及营养素。

1～6岁幼儿全素或纯素一日饮食建议量

年龄（岁）	1～3		4～6			
活动量	稍底	适度	男孩稍低	女孩稍低	男孩适度	女孩适度
热量（大卡）	1150	1350	1550	1400	1800	1650
全谷杂粮类（碗）	1.5	2	2.5	2	3	3
未精制（碗）	1	1	1.5	1	2	2
其他（碗）	0.5	1	1	1	1	1
豆类（份）	4	5	5	5	6	5
蔬菜类（份）	2	2	3	3	3	3
水果类（份）	2	2	2	2	2	2
油脂与坚果种子类[①]（份）	4	4	4	4	5	4

全素食幼儿五大类食物主要营养成分

均衡饮食，是指一日饮食当中，五大类食物都有吃到。

不同大类食物所提供的营养素不尽相同，无法互相取代。同时，每大类食物中虽然主要营养成分相同，但每种食物的个别（次要）营养成分各有特别之处。因此，最理想的饮食方式应是在各大类食物中做多样化的选择。例如，全谷杂粮类可以为早餐马铃薯芋泥沙拉、午餐地瓜糙米饭、晚餐烤玉米，这样就能得到种类丰富且含多种营养素的饮食。

---

① 研究显示，高油饮食存在着健康风险，因此脂肪的来源，应以含有脂肪的完整食物（如完整的坚果种子类）为主，而非食用油（包括植物油）。

为了让父母对各类食物的特性及分量有更清楚的认知及了解，以掌握为幼儿备餐的注意事项及细节，以下将详细介绍相关内容。

饮食中做多样化的搭配，才能摄取到各种营养。

各类食物营养特性

食物类别	营养成分
全谷杂粮类（未精制） 	**主要营养成分：** 糖类 **次要营养成分：** 蛋白质、磷、维生素B_1、维生素B_2、膳食纤维 **建议食材：** ·全谷及豆类：糙米、黑米、糙薏仁、荞麦、燕麦、红扁豆、红豆、绿豆、莲子、米豆、藜麦、小米、鹰嘴豆等 ·根茎及其他类：地瓜、芋头、南瓜、山药、马铃薯、玉米、莲藕、菱角、栗子等 （注：全谷杂粮类愈精制——如白米白面，则其中所含营养素愈少）

食物类别	营养成分

豆类

主要营养成分：
蛋白质、脂肪

次要营养成分：
卵磷脂、维生素E、胆碱、磷、磷脂质

建议食材：
黄豆、黑豆、毛豆、豆干、豆腐、嫩豆腐、豆浆、豆皮等
（注：此处所说的"豆类"为富含高生理价蛋白质的泛黄豆类
及其制品）

蔬菜类
（深绿、黄红色蔬菜）

主要营养成分：
膳食纤维、叶酸

次要营养成分：
铁、钙、钾、镁、维生素A、植物生化素、碘

建议食材：
红凤菜、紫甘蓝（紫包菜）、苋菜、彩椒类、甜菜根、海
藻紫菜类、菇类、木耳、菜豆（芸豆）、敏豆（豆角、四
季豆）等豆荚类

水果类

主要营养成分：
维生素C、水分

次要营养成分：
维生素A、钾、膳食纤维

建议食材[①]：
番石榴、柳橙、猕猴桃（奇异果）、木瓜、甜柿、桂圆、
释迦、葡萄、火龙果等

---

① 本书作者为台湾地区医生，列举的多为南方水果，各地读者可根据所在地具体情况灵
活选购水果。

食物类别	营养成分
油脂与坚果种子类 	**主要营养成分：** 脂肪（单、多不饱和脂肪酸） **次要营养成分：** ·坚果种子类：维生素B₁、维生素E、铁、钙、磷、镁、微量矿物质（锌、铜、硒等） ·植物油类：维生素E① **建议食材：** ·坚果种子类（首选）：核桃、胡桃、腰果、杏仁、亚麻籽、奇亚籽、黑芝麻等 ·植物油类（次选）：亚麻籽油、茶油、紫苏籽油、芥花油等 （注：此处所说的"种子"，主要是指含脂量高，可提取植物油的种子）

读懂一日饮食建议量

后面营养师建议的"五大类食物分量说明"，其内容标示的分量皆为一日量，也就是一日当中全部的摄入量，包括三餐和点心。

以全谷杂粮类（主食）来举例说明：若一日建议量为2碗，则可按孩子的实际食量来分配于三餐及点心当中。例如，早餐1碗粥（等同于半碗干饭），午晚餐各半碗饭，这样便用掉了一碗半的饭量，剩下半碗的主食，可以用在两餐中间的点心，如上午1个小餐包及下午¼碗红豆汤，这样即可达到一日全谷杂粮类的建议量。

---

① 素食者的维生素E首选摄取来源应为坚果种子类、豆类等。

全谷杂粮类
1 日建议量为
2 碗

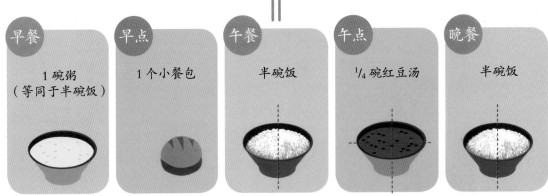

早餐	早点	午餐	午点	晚餐
1 碗粥 （等同于半碗饭）	1 个小餐包	半碗饭	¼ 碗红豆汤	半碗饭

五大类食物分量说明

种类	分量	图示
全谷杂粮类 1 碗 =碳水化合物 60 克 =4 份主食	=糙米/杂粮饭等米饭 1 碗 =红豆/绿豆/花豆/米豆等 1 碗 =麦片粥/稀饭/面 2 碗 （1 个面团/1 束或 1 把面条 =3 份） =燕麦/麦粉/麦片/谷粉 80 克（共约 12 微满的汤匙） =玉米 2²/₃ 根（340 克）/小马铃薯 2 个（360 克） =中型芋头 ⁴/₅ 个（220 克）/小地瓜 2 条（220 克） =馒头（长方）1 个/山形吐司（长）2 片（共 120 克）	碗为一般家用饭碗，容量约 250 毫升 1 碗米饭 =自助餐白纸碗 填满大碗饭量  =2 碗面  汤匙为自助餐塑胶汤匙 1 汤匙谷粉 =约 6 克 
豆类 1 份 =蛋白质 7 克	=黄豆（20 克）或毛豆（50 克）或黑豆（25 克） =豆浆 1 杯（260 毫升） =传统豆腐 3 格（80 克） =嫩豆腐半盒（140 克） =小方豆干 1¹/₄ 片 =切片约 9 小片（40 克） =五香豆干 ⁴/₅ 片（35 克） =豆皮 1 片（30 克）	杯为马克杯，容量 250 毫升，约七分满  1 杯豆浆 =切片豆干约 9 小片  =厚豆腐 2 格左右 

种类	分量	图示

蔬菜类1碟（份）
=可食生菜 100 克
=熟菜 8 分满碗

碟为直径 15 厘米盘

1 碟蔬菜

=熟蔬菜约 8 分满碗

=1 碟生草菇

=8 朵生香菇

水果类1份
=碳水化合物 15 克

=约 100 克（80～120 克）
=小橘子/小苹果/小梨/李子/桃子 1 个
=莲雾/枣子/百香果 2 颗
=樱桃/葡萄/龙眼/红枣/黑枣 10 颗
=大香蕉约半根（70 克）
=榴梿约 ¼ 瓣（45 克）

1 个小苹果

=约 ½ 根香蕉

=1 满匙的蔓越莓/葡萄干

油脂与坚果类1份
=脂肪 5 克

=各种烹调用油 1 茶匙（5 克）
=核桃 2 粒/夏威夷豆 4 粒/腰果 7 粒/杏仁 8 粒/开心果 15 粒/花生 18 粒/松子 35 粒/南瓜子 40 粒/西瓜子 110 粒/葵花子 170 粒
=黑芝麻 2 汤匙（10 克）
=亚麻籽粉（12 克）

一般餐厅或家用汤匙容量为 15 毫升，相当于 3 茶匙

1 汤匙油
=3 份油=3 茶匙

1 份坚果类
=1 汤匙杏仁
=1 汤匙腰果

来源：台湾地区卫生福利事务主管部门于 1996 年出版的《常见食品营养图鉴》。

本书的饮食建议及食谱设计量

为了让父母对幼儿的饮食量有更清楚的计算标准，本书的饮食建议及食谱设计皆依台湾地区卫生福利事务主管部门在2018年3月公布的全素幼儿一日饮食建议来编写，其中食谱设计主要以2～3岁年龄层的幼儿为对象，同时在"营养师小叮咛"中提醒4～6岁幼儿的建议量。

公版的全谷根茎类建议分量：1～3岁幼儿，每餐主食为半碗～8分满；4～6岁幼儿，每餐主食为8分满～1碗。但公版没有更具体地考量每个小朋友的食量，因此才有点心出现的必要性。营养师在设计食谱的时候，是希望能够方便读者实际操作的，特意将一日主食的总分量除分配于正餐外，也将一部分挪至点心，所以正餐才会看起来与建议分量不同。

2～3岁设计分量						
种类	总份数	早餐	早点	午餐	午点	晚餐	晚点
全谷杂粮类	8（2碗）	2（半碗）	1	2	0.5	2	0.5
豆类	5（低脂2）	1	1	1	0.5	1	0.5
蔬菜类	2	0.5	0.25	0.5	0.25	0.5	—
水果类	2	—	—	1	—	1	—
油脂与坚果种子类	4	1	0.5	1	0.5	1	—

4 ~ 6 岁设计分量							
种类	总份数	早餐	早点	午餐	午点	晚餐	晚点
全谷杂粮类	12（3碗）	3	1	3	1	3	1
豆类	6（低脂2）	1.5	0.5	1.5	0.5	1.5	0.5
蔬菜类	3	0.5	0.25	1	0.25	1	—
水果类	2	—	—	1	—	1	—
油脂与坚果种子类	4	1	0.5	1	0.5	1	—

注："低脂2"指的是5份或6份豆制品当中有2份为低脂豆类，如毛豆、黄豆、黑豆、豆浆、生豆皮、干丝，其余为中脂豆类，如豆干、传统豆腐、嫩豆腐等。

食谱中4～6岁幼儿饮食分量，主食分量会较2～3岁的多些，豆类也比2～3岁的每日多吃1份，另外蔬菜也需要从每日2份增加至每日3份，水果与坚果油脂类建议摄取量则维持不变。本书食谱设计分量如下表：

1～6岁全素食幼儿简易食物分量表

平均建议热量	1250 千卡	1600 千卡
年龄	2 ~ 3 岁	4 ~ 6 岁
全谷杂粮类（碗）	2	3
豆类（份）	5	6
蔬菜类（碟）	2	3
水果类（份）	2	2
油脂与坚果种子类（份）	4	4

素食幼儿饮食营养补充重点

如果家中的幼儿吃素食，主要照顾者应努力充实营养知识，注意营养的均衡及补充，才能让小朋友吃得更健康。

三餐应以全谷杂粮类为主食，营养较充足。

三餐应以全谷杂粮类为主食

未精制的全谷类，保留了许多人体所需的重要营养素，如维生素、矿物质、膳食纤维等。特别是全谷中的小麦，其胚芽是全麦中营养最集中的部位，不但含有叶酸、钾、镁、维生素B族，蛋白质含量也相当高，每20克就有接近一份的蛋白质，可以说是谷类之冠，甚至赢过绝大部分豆类，只输给黄豆和黑豆，是素食者很好的蛋白质来源。只摄取精制主食（如白米白面），许多营养素尤其是铁、钙及膳食纤维等的摄取量会大大减少，因此三餐当中精制主食最多仅能占一餐，以防营养素摄取不足。在饮食需要高营养价值的幼儿期，三餐更应以全谷杂粮类为主食，如燕麦片、全麦、糙米、红豆、绿豆等。举例来说，可以这样吃：早餐燕麦片，午餐面（线），晚餐五谷饭。

叶酸的补充

营养师
小可哼

　　根据 2011 年的台湾地区婴幼儿体位与营养状况调查结果，台湾地区 1 ～ 6 岁幼儿的叶酸平均摄取量有不足的现象，表示台湾地区幼儿普遍有蔬菜、水果摄取量偏低的情形。叶酸不足，容易导致贫血。多吃蔬菜、水果，可增加叶酸摄取量，从而改善营养状况。台湾地区卫生福利事务主管部门建议：1 ～ 3 岁幼儿，蔬菜、水果每天各需吃 2 份；4 ～ 6 岁幼儿，水果则维持 2 份，蔬菜建议吃到 3 份，以保证每日足够的叶酸摄取量。[①]

 每天摄取深色蔬菜及新鲜水果

　　蔬菜的颜色愈鲜艳，营养价值愈高，如深绿叶蔬菜、深橘色甜椒、紫甘蓝、胡萝卜等。水果，以当季或当地新鲜水果为佳，不但农药或保鲜剂含量少，而且好吃，又节能减碳。尽量少以果汁取代水果，直接吃水果，除了可以训练咀嚼能力、强健牙床力量外，也不容易因摄取过量糖分而发胖。

 持续摄取高钙食物

　　台湾地区 1 ～ 6 岁幼儿中，有 14.2% ～ 19.7% 钙质摄取量未达到台湾地区卫生福利事务主管部门的建议量（1 ～ 3 岁幼儿 500 毫克，4 ～ 6 岁幼儿 600 毫克）[②]。对于全素食幼儿，更需要养成每天固定摄取 2 份高钙食物的好习惯。

---

① 原国家卫计委（现国家卫健委）于 2018 年发布的《中国居民膳食营养素参考摄入量》中，1 ～ 4 岁幼儿每日叶酸建议摄入量为 160 微克，4 ～ 7 岁为 190 微克（http://www.nhc.gov.cn/）。

② 原国家卫计委（现国家卫健委）于 2018 年发布的《中国居民膳食营养素参考摄入量》中，1 ～ 4 岁幼儿每日钙建议摄入量为 600 毫克，4 ～ 7 岁为 650 毫克（http://www.nhc.gov.cn/）。

　　以前我们总认为补充钙质就要多喝牛奶或其他乳制品，其实 1 杯牛奶中约含有 240 毫克的钙，而 100 克（一份）的南方地区常见蔬菜当中，像芥蓝、黑甜菜，也都有近 240 毫克的含钙量，几乎等同于 1 杯牛奶[1]。

　　其他像红苋菜、山芹菜等，每 100 克（一份）也有近 200 毫克的钙质；干海带（干昆布）约 30 克就有 1 杯牛奶的含钙量。各种深绿色蔬菜、紫菜、红毛苔（红毛藻）也是钙质丰富的食物。

　　另外，黑糖每一汤匙就有 70 毫克的钙质，也是用糖时一个相对较好的选择[2]。

　　一般来说，水果的含钙量是很低的，但是有一种水果却不一样，这就是无花果——约 10 颗无花果的含钙量就和 1 杯牛奶的相当。

适量食用干海带（干昆布）是补充钙质不错的选择。

营养师
小叮咛

可以喝豆浆补钙吗?

　　豆浆的主要成分为黄豆与水，一般以 1 : 10 的比例制作，也就是 100 克的黄豆，水就要加入 1000 毫升，1 杯豆浆的含钙量仅 50 毫克不到，因此光喝豆浆不易补钙。建议妈妈可于豆浆中添加 2 汤匙黑芝麻粉，即可将 1 杯豆浆的含钙量提高到相当于 ⅔ 杯多牛奶的含钙量（约 180 毫克钙）。

---

①　科学研究表明，喝牛奶不一定补钙，反而可能促进钙的流失，甚至增加某些癌症、儿童过敏症及 1 型糖尿病等的罹患风险。含钙量和钙的吸收率是两回事。

②　本书后文有说到，黑糖亦属于精制食物，不宜多食，在需要用糖时，应注意只取少量。

含钙丰富的天然食物（每100克食物）

食物类别	≈1杯牛奶（≥250毫克钙）	≈²/₃杯牛奶（170~200毫克钙）	≈半杯牛奶（120~150毫克钙）
黄豆及豆制品类	小方豆干、豆干丝、黑豆干	冻豆腐、清蒸臭豆腐	传统豆腐
坚果种子类	黑芝麻（芝麻糊、芝麻粉、芝麻酱）、亚麻籽、奇亚籽、杏仁果、山粉圆	原味榛子	—
蔬菜类	香椿、黑甜菜、野苋菜、红毛苔（红毛藻）、紫菜、寿司海苔片	山芹菜、红苋菜、皇冠菜、芥蓝菜、裙带菜	红凤菜、珍珠小白菜、苋菜、蛇瓜、海带茸、川七
全谷杂粮类	—	加钙米	莲子、大红豆

黄豆为优质蛋白质来源

以黄豆为来源的蛋白质为优良蛋白质，因为它包含了人体所需的全部氨基酸，等同于蛋类或肉类蛋白质，却又比肉类多了更多的特殊营养成分，如大豆异黄酮、卵磷脂、大豆纤维及植物固醇等，若再制成豆腐、豆干，又成为高钙食物。因此对于成长发育中的幼儿来说，以植物性蛋白质为蛋白质来源的饮食，不仅比吃肉的优点多，还可避免因牲畜饲料污染、生长激素、抗生素或牲畜生病带来的担忧。

全素食幼儿的饮食不能只有吃饭配菜而已，还需包含豆类及其制品，让孩子摄取到足够的蛋白质，帮助其顺利生长发育。2～3岁幼儿一日豆类建议摄取量为4～5份，4～6岁为5～6份。由于豆制品含水分较多，体积相比于肉类较大，

黄豆制品（非转基因）的营养

·大豆异黄酮：大豆异黄酮是一种强抗氧化剂，其最主要的健康功效是抗氧化，可防止老化、预防癌症与心血管疾病。

·胆素/胆碱：胆碱是一种水溶性维生素。对人体而言，胆碱的功能在于建构细胞膜、支持神经传导及促进脑神经细胞的发育，因此胆碱对于新生儿脑部的发育非常重要。胆碱对于人体的重要性与其他必需营养素不相上下，换句

营养师小叮咛

黄豆及其制品为优质蛋白质来源。

话说，它是一种维持生命的要素。父母们可以放心，胆碱普遍存在于各大类食物中，因此胆碱的缺乏是很罕见的。像我们常听到的卵磷脂，胆碱就是其重要的组成部分之一。卵磷脂不需要特别补充，因为人体可以自行合成。

因此家长更需要留意孩子是否有吃到足够的蛋白质量,而不必太担心蛋白质吃过量。同时,由于素食饮食的食物热量密度比荤食低,幼儿也不太容易有热量摄取过多(或肥胖)的问题。

 摄取优质油脂食物

油脂与坚果种子类,指的是各类坚果(如杏仁、腰果、松子等)、各类种子(如黑芝麻、白芝麻、亚麻籽、奇亚籽等),以及植物油。这些在食物分类上均属于油脂类。以 1~6 岁幼儿期来说,一日建议量为 4 份(4~6 汤匙),以达到足够的维生素 E、微量元素(矿物质)如锌的摄取量。因为植物油存在较大的健康风险,所以建议幼儿包括成人的油脂摄入来源,最好是坚果种子类,或以坚果种子类为首选,以相对健康的植物油(如亚麻籽油、紫苏籽油等)为次选。

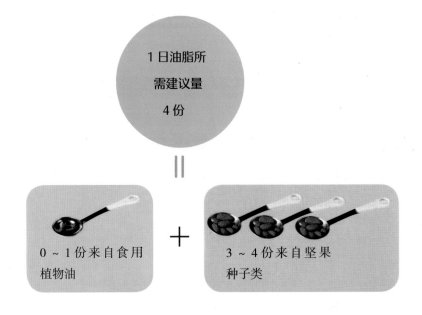

对于素食者来说，坚果种子类是摄取营养及健康饮食方面的优质食材。例如，黑芝麻富含钙和铁，杏仁含高量的维生素E，核桃含必需脂肪酸（α-亚麻酸，即Omega-3脂肪酸），葵花子、南瓜子和巴西坚果则是补充锌的优质选择。

素食幼儿日常饮食注意事项及易缺乏营养素的补充

除了营养均衡之外，幼儿饮食还需注意外食及零食问题。一般幼儿饮食中实际的油脂建议用量并不多，因此若长期外食或喜好吃油炸类、烘焙或精制糕饼类食物，几乎都会有油脂尤其是反式脂肪摄取过量的问题，长期累积下来，则容易导致肥胖、高血脂或心血管疾病。

此外，高精制糖的甜食及油炸类食物，如糖果、巧克力、汽水、洋芋片、炸薯条、薯饼等，均为高热量食物，不但容易影响正餐食欲，易造成肥胖问题，甜食也容易导致蛀牙。家中应尽量不买垃圾食物，父母也应少吃或不吃，为孩子做榜样，尽量摄取天然的点心。

幼儿饮食应清淡、多元、均衡

除了提供健康的饮食外，家长在日常生活中也要注意培养孩子清淡、多元、均衡的饮食习惯，这样才能让孩子吃得健康且无负担。

果昔是很营养的点心。

※**提供适当的天然点心：**每天除三餐外，可于餐与餐之间提供 1～2 次少量点心，以补充热量及营养素。米布丁、芝麻糊、馒头抹坚果酱、地瓜、豆浆、豆花、红毛苔（红毛藻）、低盐海苔、新鲜水果、各式坚果等都是健康点心的好选择。

※**减少使用调味料及蘸料：**不含过多调味料的清淡饮食有益于健康，同时也让孩子能够享受到食物原有的美味。重口味的饮食习惯，容易增加未来罹患高血压等慢性病的风险。

※**多喝白开水，避免含糖及咖啡因的饮料：**白开水是单纯又最适合人体的水分来源。现代儿童受父母或环境的影响，喜欢用饮料来解渴，而任何嗜好性饮品都有不利于健康的成分，故建议幼儿应从小养成减少饮用此类饮品的习惯，或者干脆不饮用。

※**用加碘盐及适量摄取含碘食物：**碘是脑部、运动神经等生长发育的必需营养素。生长发育时期若患碘缺乏症，易引发智力低下、心智障碍及程度不等的生长发育异常。因此建议烹调要选择有加碘的盐，并适量摄取含碘食物，如海带、紫菜等海藻类食物，以促进幼儿正常发育。

海带、紫菜等海藻类食物含碘，幼儿可适量摄取。

 素食幼儿易缺乏的营养素

以下特别对素食幼儿易缺乏的营养素作出说明，并于本书第四部分规划设计幼儿喜欢的食谱，供家长参考。

※**注意摄取足量铁质：**铁来源分为血红素铁（动物性来源）与非血红素铁（植物性来源），即动物性铁与植物性铁。动物性铁一吃进肚中就可以被人体吸收，而植物性铁则需与维生素C合作才可以转变成人体可吸收的铁。素食者若维生素C摄取不足，则较易导致缺铁。建议全素食幼儿饭前或饭后2小时内一定要搭配1份的水果。

另外，茶中所含有的植酸会与植物铁结合，减少人体铁质的吸收，所以吃水果前不建议饮用茶类饮品。铁质多的食材存在于深颜色的蔬果中，包括红苋菜、紫菜、海带、菠菜、皇帝豆、芝麻、葡萄干、红凤菜等。

※ **注意摄取足量钙质：**台湾地区卫生福利事务主管部门建议 1 ～ 3 岁幼儿每日应摄取 500 毫克钙，4 ～ 6 岁幼儿为 600 毫克。以 600 毫克钙质为例，一日若喝 2 杯黑芝麻豆浆（含钙 360 毫克），同时吃 2 份深色蔬菜，如地瓜叶、青江菜（上海青）、小白菜（含钙 200 毫克），再加上 2 份传统豆腐（含钙 280 毫克），即可达到约 840 毫克的钙摄取量。因此只要父母稍加留意高钙食材，并按照营养师对全素食幼儿建议的饮食份数吃，钙质的摄取不难达到建议量。

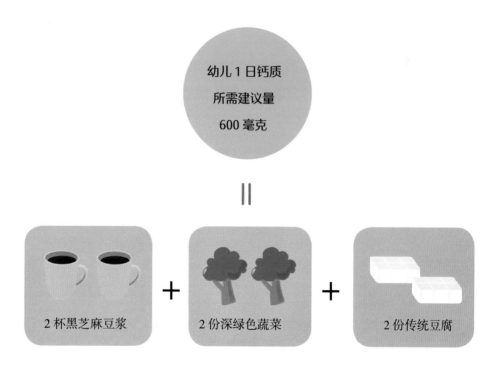

幼儿 1 日钙质
所需建议量
600 毫克

=

2 杯黑芝麻豆浆 + 2 份深绿色蔬菜 + 2 份传统豆腐

※ **注意摄取足量DHA：**幼儿的油脂建议摄取量为一日 4 份，来源建议以坚果种子类为首选，尤其是核桃、胡桃、亚麻籽、奇亚籽这几种Omega-3 含量丰富的食物。Omega-3 脂肪酸以 α－亚麻酸的形式存在于这些食物中，吃进去之后在体内自行代谢转化为 DHA 及 EPA。DHA 和 EPA能够活化幼儿的脑细胞，同时减少发炎反应，增强免疫力。

※ **注意摄取足量胡萝卜素、叶黄素：**胡萝卜素、叶黄素等植化素均来自于

植物性食物，素食幼儿不容易有不足的状况。特别提醒不爱吃蔬菜、水果的小朋友，每日饮食中需包含有深绿色或颜色鲜艳的蔬菜或水果，如芥蓝菜、皇宫菜（即落葵或木耳菜）、苋菜、柿子、木瓜、地瓜、南瓜等，它们均含有丰富的胡萝卜素、叶黄素。

※ **注意摄取足量维生素B$_{12}$：** 全素饮食中几乎不含维生素B$_{12}$，因此全素食幼儿需要注意补充含维生素B$_{12}$的食物，如强化维生素B$_{12}$的营养酵母、麦芽饮品、早餐营养谷片等。若不常食用上述食品（或出于保险起见），建议全素食者——无论大人与小孩——每日额外服用维生素B$_{12}$补充剂，像药店销售的几元一瓶的维生素B$_{12}$片即可。

※ **注意摄取足量维生素C：** 水果是我们摄取维生素C的主要来源，因此不论任何饮食方式，每日均需摄取足够的水果。维生素C除能够促进胶原蛋白合成、帮助伤口愈合、减缓外来污染对身体细胞的伤害等外，还可促进铁的吸收。建议素食者在食用五谷杂粮与蔬菜的那一餐（一般是午餐和晚餐）时，搭配一份水果，以促进铁的吸收。

※ **注意摄取足量维生素D：** 含维生素D的食物（如晒过太阳的香菇及木耳）不但品种少，其维生素D含量也极少，因此维生素D较不容易从食物中获得。我们可以通过晒太阳，使皮肤自行合成身体所需的维生素D。南方地区的民众，只要脸及手臂皮肤照射到阳光，每日有15～20分钟的户外活动，即能合成足够量的维生素D。北方地区的民众，尤其是在秋冬季节，日晒时间可适当延长。

饭前或饭后2小时内搭配1份水果，可以促进铁的吸收。

※ **注意摄取足量锌：** 锌与组织发育、伤口愈合、食欲有关，锌不足时容易发生口腔黏膜或组织脱落、毛发掉落。对于全素食者来说，每日饮食中需注意包含锌

含量较高的食物，如巴西坚果、腰果、南瓜子、葵花子、松子、全谷类（如糙米、藜麦、荞麦）及酵母面包、发酵的豆制品（如味噌及纳豆）等，以获得足够的锌。

发酵的豆制品中含铁、锌。

饮食应尽可能少油

传统上，我们做菜时都要放油。对于素食者来说，当然会选择植物油。然而，一般含Omega-6高的植物油进入人体后，也会促进肠道非益生菌的生长。后者会导致肠道通透性增加，使肠道里面的毒素和致病抗原进入我们的血液，造成一系列的炎症和免疫性病变，统称"肠漏综合征"。三高、肥胖、过敏症、自身免疫疾病等都可以归入这一类。和动物脂肪一样，植物油也是高热量密度的食物。长期大量吃油多的食物还会促进肥胖。因此，我们主张尽可能少油甚至无油的饮食（必要的脂肪摄入可来自坚果、豆类）。

当然，在您因为口味习惯、烹饪习惯或处于改变饮食方式的过渡期而做不到无油时，可以先从"少油"开始，即在烹调某些菜品时，适量加入一些相对健康的植物油，如亚麻籽油、紫苏籽油。

 脂肪酸可分为三类

那么在"少油"的情况下，如何选购"相对健康"的植物油呢？

首先，要先认识油脂成分。正确的做法应是回归脂肪的组成元素，依照油品中的脂肪酸比例，来挑选烹调用油。

从健康的角度来看，建议大家平日尽量以低温方式来料理食物，例如凉拌、水炒或小火炒，因为这样不仅可尽量保留食物本身的营养，若有用到油，也较能保留油脂中的营养。

其次，可考虑选用富含现代人较缺乏的Omega-3脂肪酸的油品，如亚麻籽油、紫苏籽油。

大部分油品外包装常见的主要成分如下：

饱和脂肪酸：在室温下呈固态，容易堆积在血管壁而增加罹患心血管疾病的风险，植物油当中以椰子油和棕榈油为代表。近年来，椰子油打着含有中链脂肪酸的名号，误导大众以为它是"好油"，可以多吃。事实上，多吃椰子油可能造成高甘油三酯及高胆固醇血症，故不宜进食。

多不饱和脂肪酸：其中最为熟悉的是 α–亚麻酸（Omega-3）和亚麻油酸（Omega-6）。这两种脂肪酸人体无法自行制造，故需从食物中摄取。对于全素食幼儿，豆类、坚果中均含有比例较高的多不饱和脂肪酸，因此只要适量摄取，即可满足需求，父母无需担心。其中，常见的豆类和坚果中均含有Omega-6脂肪酸，如黄豆、杏仁、夏威夷豆、榛子等。需要特别指出的是，在必需脂肪酸中，营养师更强调Omega-3（即 α–亚麻酸，亦可简称为亚麻酸）的重要性。

健康的人体内Omega-3与Omega-6的比例应是 1：1，但由于外食、烘焙食物的饮食频率增加，使大多数民众的Omega-6摄取量倍增，体内必需脂肪酸失去平衡，促使发炎症状产生。美国旧金山加州大学的研究证实，过多的Omega-6和前列腺癌有正向关系。

因此，营养师建议，我们应注意Omega-3脂肪酸的摄取，食用其含量较高的健康食物，如亚麻籽、奇亚籽、核桃等。即便烹调时需少量用油，也应选择Omega-3含量较高的油品，如亚麻籽油（新鲜初榨）、紫苏籽油。这一点，无论对于素食者还是杂食者来说，都是适用的。

单不饱和脂肪酸（Omega-9）：单不饱和脂肪酸并不是人体必需脂肪酸，通常情况下无需刻意额外摄取。但有研究表明，单不饱和脂肪酸可以降低人体总胆固醇及坏胆固醇（低密度脂蛋白LDL）含量，还可略微增加好胆固醇（高密度脂蛋白HDL）含量，对身体具有双重好处。

单不饱和脂肪酸在坚果、核果中含量较多。

在植物油中，茶油、橄榄油、芥花油的单不饱和脂肪酸含量较高，且Omega-6多不饱和脂肪酸含量较低，因此也是相对健康的油。

最后提醒： 从预防心血管疾病的角度看，无论是素食者还是杂食者，皆应避免食用含反式脂肪酸的氢化油、酥烤油、人造奶油，及用其制作的烘焙、糕饼类食物等。

营养师
小叮咛

选用油品注意事项：

· 勿买散装或来路不明的油品。

· 勿重复使用油品或使用不新鲜油品。

· 做菜时要用油烟机排烟。

· 减少或避免高温爆炒或煎炸食物。

🍎 相对健康的植物油数据及使用方法参考

油脂种类	烟点	饱和脂肪（克/100克）	单不饱和脂肪酸（克/100克）	多不饱和脂肪酸Omega-3（克/100克）	多不饱和脂肪酸Omega-6（克/100克）	适合烹调方式
茶油	约252℃	15.8	66.0	0.4	17.6	大火炒、煎、炸
芥花油	约246℃	9.7	54.1	7.6	28.4	大火炒、煎、炸
橄榄油	约230℃	16.3	74.3	0.7	8.7	大火炒、煎、炸
花生油	约162℃	20.8	40.9	0.1	38.2	中火炒
红花籽油	约229℃	10.6	15.8	0.5	73.1	凉拌、水炒
葡萄籽油（精炼）	约216℃	11.4	19.8	0.3	68.3	凉拌、水炒
亚麻籽油（冷压）	约107℃	9.7	23.8	53.4	13.1	凉拌、水炒
紫苏籽油	约107℃	10.7	14.6	59.6	15.1	凉拌、水炒

优质素食食材的挑选及储存

为了让孩子吃得健康，在素食食材的挑选上，父母也应严格把关。以下，营养师将常见素食食材的挑选原则列出，供选购时参考。

※ 选购：

·产地直销或有机栽培的产品：由原产地生产或有机栽培的杂粮作物，或者特殊品种栽种的作物，虽然价格会较高，但可降低残留有害物质的可能性，例如通过可靠途径购买的健康食材。

·选择真空包装或有信誉的商家：散装的五谷杂粮不但容易变质，还可能有过期品混杂其中，建议最好选购有完整包装的产品，例如真空包装品。若要选购散装产品，最好向值得信赖或知名度高的商店购买。

·选购适当分量的包装：五谷杂粮作物虽耐久放，却忌潮湿环境。南方地区空气湿润，一般家庭不适合存放过多的五谷杂粮，故建议选购小包装产品，吃多少买多少，以保证经常吃到较新鲜的产品。北方地区，视当地气候特征，可灵活选择。

※ 储存：冷藏是一个不错的储存方式。夏季时若存放时间超过一个月，最好储存于冰箱。

※ 清洗、烹调注意事项：

·小米：可快速烹调，是一种无麸质的谷物，有天然的苦味保护层皂苷，烹调前一定要彻底清洗。

·藜麦：可快速烹调，和小米一样有皂苷这种带苦味的天然防虫成分，烹调前应彻底清洗。藜麦浸泡后会迅速发芽，发芽时由于藜麦本身所含酵素的分解作用，藜麦中的钙质、铁质、蛋白质等营养素的吸收效果会成倍增加。

·燕麦：本来不含麸质，但处理燕麦的机器通常也处理小麦和其他谷物，从而使燕麦易沾染上麸质。因此，对麸质过敏者，在购买燕麦时应选择有无麸质证明的产品。

·杂粮米：若包含莲子或豆类会比较麻烦，因为相较于糙米和其他杂粮类，莲子和豆类需要泡水久一点才好煮。杂粮米若含有豆类和莲子，需提前浸泡 1～2 小时，水与杂粮米的比例应为 1.6：1。杂粮米泡水后的膨胀程度比白米和糙米都高，因此要注意容器的大小。也可以自己买其他的杂粮来搭配糙米，变成你家独特的杂粮米配方。特别推荐燕麦、小米、荞麦，因为容易买到，跟着糙米一起泡水一起煮，口感会很好。若是糙米混白米煮，因为泡水时间不同，两种要分开泡，糙米要较早开始泡。不管是白米饭、糙米饭还是杂粮饭，煮完后不要马上吃，翻动一下再焖 3～5 分钟，口感会更佳。

豆类

◎豆粒

※**选购：** 首先观察其颜色和成熟度。优质豆颜色正常、有光泽、豆粒饱满、豆皮紧绷。其次观察其完整性。优质豆很少有破粒、霉变和发芽豆粒。然后闻气味和看干燥程度。优质豆有一种天然的豆香味；用牙齿咬豆粒，若声音清脆，说明豆粒干燥。同时要注意选择非转基因黄豆。

※**储存：** 买回家后稍微检查一下，将破损或变色的豆子挑出，以免污染蔓延。之后装在保鲜盒或密封罐里，放在通风、阴凉、干燥处储存，温度最好在 20 摄氏度以下，相对湿度在 50% 以下。若没有适当的储存条件，尽量不要储存太久，尽早使用完毕。

※**清洗、烹调注意事项：** 黄豆烹煮前一定要泡到发胀才容易煮熟，建议浸泡 6～8 小时（中间需换水）。若不换水，则放冰箱冷藏室泡整夜。剥开子叶，若整颗黄豆都变成如外围般的浅乳白色，即表示泡开了；若内外圈不同色，则表示还

要再多浸泡一会儿。

◎豆腐

※ **选购：** 质量好的呈均匀的乳白色或淡黄色，稍有光泽，软硬适度，富有弹性，具有豆腐特有的香味，口感细腻鲜嫩。同时要注意选择非转基因豆腐。

※ **储存：** 包装完整的盒装豆腐或真空包装的豆干，买回家后直接放进冰箱冷藏即可。若是散装的豆腐，买回家后除可直接放冰箱外，还可先以清水冲洗干净，放入盐水中煮沸5分钟（记得要把锅盖打开，避免有害物质残留），捞起沥水后，再放入冰箱冷藏。如此可保存数天不坏，比浸泡于水中还耐放，下次拿出来食用时可不用洗，直接烹调。

※ **清洗、烹调注意事项：** 豆腐是可即食的食物。凉拌豆腐时，豆腐用饮用水清洗过后即可食用。若不放心，可放入水中煮沸5分钟再吃（煮沸期间，记得要把锅盖打开）。

◎干豆皮

※ **选购：** 质量好的干豆皮呈淡黄色，张张整齐，薄厚均匀，具有豆腐的香味。而用于火锅料的油炸豆皮，由于属于煎炸类食物，且不清楚商家使用的炸油的品质，建议尽量少吃。选用脱水干燥或风干法制作的干豆皮尤佳。

※ **储存：** 干豆皮的储存方式类似于干货，宜放置在通风、阴凉、干燥处储存。包装拆封后即放至冰箱冷藏储存。

※ **清洗、烹调注意事项：** 煮之前浸泡于白开水10～15分钟，待泡软之后，切成需要的大小，即可直接烹调。一般可以和其他蔬菜一起炒、凉拌或煮汤。

◎豆干

※ **选购：** 质量好的豆干呈白色或淡黄色，用手按压，富有一定的弹性，切口处挤压无水渗出，具有豆干特有的清香味。若豆干摸起来软烂，靠近鼻子闻有腐臭味，则表示已变质。

※ **储存：** 用清水冲洗干净，放入盐水中煮沸5分钟（记得要把锅盖打开，避

免有害物质残留），捞起沥水后，即可放入冰箱冷藏。

※**清洗、烹调注意事项：** 豆干有多种食用方式，当点心直接吃，搭配谷类当配菜，或与生菜、菇类（需熟食）、海带类共同做成半生半熟食物均可。

◎生豆皮和湿豆皮

※**选购：** 生豆皮或湿豆皮外观应无杂质，薄且摸起来微软，闻起来豆香味浓；若豆皮发现有黑点或腐烂，则表示发霉或制作时渗入异物，请勿选购。

※**储存：** 新鲜的生豆皮不耐室温，买回家后最好马上放入冰箱冷藏，并且当天食用完毕，否则应即刻分装冷冻。冷冻时，可先把豆皮一片片打开摊平，约2张装一袋，每次使用时只取需要的量解冻，就不会因重复解冻导致豆皮酸坏，且也较容易解冻。

※**清洗、烹调注意事项：** 煮之前稍微冲洗一下即可。

◎腐竹

※**选购：** 应质地脆嫩，容易折断。如果没有这些特质，则说明质量有问题。经烘干的豆制品，表面应有一层薄薄的豆油，所以淡黄色、带光泽、油感重且豆味香浓的才是上品。

※**储存：** 应完全密封，放置于通风、阴凉、干燥处储存。虽然包装上说明可储存1个月，但每个家庭储存位置的湿度不同，因此仍建议开封后尽快吃完。

※**清洗、烹调注意事项：** 煮之前稍微用水冲一下即可。若是煮汤，则直接放入；若是炒煮，可先泡水30分钟左右，待稍软后再煮，口感更佳。

◎豆豉

※**选购：** 质量好的干豆豉颗粒饱满，鲜味浓厚，没有霉变，没有杂质和异味。荫豆豉湿软，看不出完整颗粒，一般为铁盖的玻璃罐装，选购时需留意盖子是否有膨起。若有，则表示产品受到污染或已发酵不新鲜。

※**储存：** 放置于通风、阴凉、干燥处储存。开封后可放入冰箱冷藏。

※**清洗、烹调注意事项：** 稍微用水冲一下即可烹调。

※ 选购：

·看色泽：外表应新鲜、有光泽，检查是否有凋萎枯黄、斑点、损伤、冻伤的现象。

·看形状：不成形的产品通常口感较差、组织粗糙，并且也难保存。

·看成熟度：太小或未成熟的蔬果会缺乏其风味；而过熟或较老的蔬果则质地较粗糙。

·购买当地、当季且新鲜的蔬果：新鲜蔬果脆度高、不凋萎。不一定非得在有机商店里才能买到令人安心的食材，只是需要多逛、多接触。同时，别忘了询问产地。不同的农药毒性强弱差别很大，有些是可以清洗的，有些却会残留在蔬果中，无法分解。

※ 储存：所有的蔬果需要小心地处理及储存才能维持品质。在储藏前，要先将蔬果损坏的部分丢弃，将储存的食物堆放好，以使空间的空气能流通，蔬果可以继续进行呼吸作用。此外，蔬果要趁新鲜尽快吃完，叶菜类存放勿超过 5 天，否则会导致营养素流失；当出现腐坏现象时应尽快摘除，以免使存放在一起的其

营养师
小叮咛

四季蔬果

除了"当地"外，也要买"当季"的蔬果，不但符合自然原则，盛产时农药少，也一定是便宜且最好吃的。当季蔬果举例来说：

冬：白萝卜、圆白菜、大白菜、芥菜、茼蒿、甜菜、豌豆等。

春：菠菜、芹菜、青椒、甜椒、番茄、凤梨（菠萝）、木瓜等。

夏：瓜果类（苦瓜、西瓜等，偏凉性）、空心菜、荔枝等。

秋：绿金针、莲藕、牛蒡、山药、佛手瓜、花生、菱角等。

他蔬果加速腐败，造成浪费。

大部分的农产品需要冷藏，以抑制酵素的活性，避免蔬果老化及丧失营养素。除了未成熟的香蕉（因为促使香蕉成熟的酵素在暖和的气温下活性较高）、牛油果、洋葱、马铃薯可在室温储存外，大部分蔬果需要冷藏储存。

若想避免根茎类食物发芽，除了避光外，还可以将此类食材与苹果一起摆放，因为苹果会释放乙烯，可以抑制根茎类食物发芽。此外，储存蔬菜时不要将番茄和莴苣放在一起，因为番茄会使莴苣变成褐色。

大部分的农产品在储存前并不需要清洗，尤其是草莓、蓝莓、洋菇、李子、葡萄等，洗后储存容易发霉或枯萎。

※ **清洗、烹调注意事项：** 洗蔬菜的原则是——先浸泡、后冲洗、再切除。先用清水浸泡 3 分钟，待农药溶解在水中后，再用流动的清水冲洗。需要提醒的是，浸泡时间不必太长，重点是以流动的水冲洗，才能让水流带走蔬果上的残留农药。蔬果经过仔细冲洗后，才能切成小块，或是除去不食用的部分。切或除的步骤必须最后进行，避免农药污染刀具，让刀具上的农药又污染到干净的部位。

不用削皮即可煮或烤的蔬菜，会比其他需要削皮或切割的蔬菜保留更多的营养素，如番茄、黄瓜、茄子等。在烹调前将蔬菜切得愈小，就会因切割的截面积增加，使维生素流失或氧化得愈多。因此建议减少不必要的蔬菜切割，以保留维生素C、维生素B族、叶酸及一些水溶性维生素。

烹调蔬菜时，最重要的一点就是不要流失蔬菜的营养素。烹调蔬菜时应尽量缩短烹调时间，以保留蔬菜的质地、大部分营养素、颜色及风味。如水煮蔬菜时，要先将水煮沸，以减少加热的时间，并用足量的水覆盖（可保持颜色与风味）。

尽量保留水果果皮，连皮一起吃，因为很多水果表皮下的维生素及矿物质比水果内部多，如葡萄、水梨、柠檬、柑橘（金橘）等。

营养师
小叮咛

水果干的选择

水果干包括葡萄干、黑枣干、蔓越莓干以及杏桃干等。其中杏桃干、金黄葡萄干和其他颜色鲜艳的水果干，人们为了延长其保存期限，并保留水果鲜艳的色泽，会加入二氧化硫或亚硫酸盐作为防腐剂，同时农药也会集中在果干上，因此建议如果孩子爱吃水果干，可购买有机水果干。

 坚果油脂类

※ 选购：

·选择无添加调味料的坚果：我们常说"天然的尚好"，当然坚果也不例外！市面上常常会有些加工坚果，依靠外表裹糖、裹盐、蘸粉来吸引大众的味蕾，或用以掩饰质量的低下，而让坚果失去原本的味道，这样多吃反而有害，还会因摄入不明添加物而造成身体负担。

通常坚果有三种烘焙方式：

低温烘焙——温度控制在 104 ～ 120 摄氏度，慢慢把坚果的水分烘干。用温和的方法保留坚果的原始风味，虽然耗时、耗力，但这样营养素破坏较少，是较为推荐的烘焙方式。

高温烘焙——烘焙温度在 120 摄氏度以上。用此方法会使一些不耐热的营养素流失，例如维生素等。

高温油炸——用 200 摄氏度以上的高温油炸，会让坚果流失水分而变得干、脆，不仅让坚果易有油味，更让其所含的营养几乎全部流失掉，是最不推荐的方法。

·选择最佳产地的坚果：不同的坚果有不同的产地。例如，核桃出口以中国、美国最多；腰果主要来自越南、印度、巴西；夏威夷豆主要来自澳大利亚、南

非；杏仁主要来自意大利、西班牙。虽然是同种坚果，但是产地不一样，质量也会不一样喔！

·选择原色、饱满的健康坚果：如看到白得不正常的夏威夷豆或是颜色太深的核桃，要小心，那可能就是含过量添加物的坚果喔！要挑选保有果实原来样貌的，才能确保是健康无加工的坚果，例如带点绿皮的开心果、深琥珀色的核桃、米黄色的夏威夷豆等。

※ **储存：** 储存合理，可避免油脂酸败。带壳的坚果可以放在低温且干燥的地方储存；去壳后，则大部分的坚果需冷藏。种子类如南瓜子、葵花子、芝麻、亚麻籽等需真空包装，同时存放在低温、干燥及阴暗的地方。购买时不妨先观察店家的存放方式是否恰当，才能买到最优质的坚果食材。由于坚果含油量高，建议拆封后储存在玻璃容器中，以防塑料容器溶出塑料毒素。

※ **清洗、烹调注意事项：**

·坚果最健康的吃法是泡水催芽后食用。生坚果的外层有一层天然屏障（酵素抑制剂），会抑制酵素的作用，扰乱消化系统或降低营养吸收率。全谷类外壳也有植酸（Phytates）等抗营养因子，阻碍人体吸收铁、钙、铜、锌及镁等营养素。因此，生的坚果买回来，就像大多数的豆子一样需要浸泡，泡水后比较容易去皮，也容易被人体消化。

·不同食材浸泡发芽时间长短不一样。基本原则是越硬的坚果浸泡的时间越久，如：杏仁、开心果和榛子要至少8小时；中等硬度的坚果如胡桃、核桃和巴西果油量较多，比较容易膨胀，需浸泡时间较短；腰果、夏威夷豆和松子等需浸泡时间最短，泡太久会影响其油脂风味。

泡好的坚果蒸过之后可自制果泥、自制坚果抹酱、与蔬果一起打成蔬果昔、煮汤或做甜点，也可将泡过的坚果烘干作为零食。另外，坚果种子或谷物等食材在催芽浸泡过后应立即食用。

·奇亚籽是Omega-3脂肪酸含量第二高的植物来源，是很好的抗氧化食物。奇亚籽应生吃，食用前先浸泡在汁液中，待膨胀变稠后，即可直接食用，不需研磨就可以得到它的营养。

·亚麻籽是Omega-3脂肪酸含量第一高的植物来源，在研磨后营养才会较容易被吸收。为了防止油脂氧化酸败，一次只需用磨豆机或香料研磨机研磨2～3周的用量，再将其储存在玻璃密封的罐子里，置入冰箱存放，以降低氧化速度。可以将亚麻籽粉撒在麦片中、煮熟的蔬菜上或饭上，享受它的坚果香气。

认识基因工程及转基因食物

基因工程（Genetic Engineering）允许准确且可控制地改变种植物种的基因组织结构。此种方式相较于传统植物培育技术，不但更快速简单，且人力、物力成本都大大降低。如利用生物技术于作物中加入抗干旱、抗害虫、抵抗除草剂且可长期保存的基因，甚至使作物具有一种可毒杀毛虫的蛋白毒素基因，可减少杀虫剂的使用，也可使作物较易顺利成长。

 转基因作物带来的坏处

虽然基因工程（即转基因）技术可以借由抵抗动植物病变及增加作物产量而改善饥荒问题，但同时，转基因作物带给我们的坏处绝对不少于好处。

（1）转基因作物可能扩散至其他物种，产生非预期的状况，进而影响到整个大环境，如非预期的虫对特定杀虫剂产生抗药性。目前已经有有机栽培从业者发现，转基因植物的花粉会被风吹至他们的耕地而影响其作物。

（2）引发人体发生因感染而难治愈的情况，原因是食物含有抵抗抗生素的基因。

（3）转基因食物影响肠道菌群的基因，进而不断产生有害物质，影响健康。

（4）科学家以动物实验发现，食用转基因食品有严重损害健康的风险，包括不育、免疫问题、加速老化、诱发肿瘤、胰岛素的调节和主要脏腑及肠胃系统的改变。

 常见转基因作物及产品

台湾地区卫生福利事务主管部门目前规定，以转基因黄豆或玉米为原料，占最终产品总重量 5% 以上的食品，应标示"基因改造"或"含基因改造"字样[①]；同时台湾地区不允许种植任何转基因作物。

一般人没有办法通过观察外观、品尝、触摸、闻嗅等方式来判定黄豆、玉米等农产品是否为转基因作物，更何况是经过加工之后的各种食品形式。故依产品标示来选购较能保障健康。

目前台湾地区已商品化的转基因作物有：黄豆、玉米、油菜、棉花、番茄、稻米、马铃薯、木瓜、甜菜、小麦[②]。台湾地区市面上流通的转基因食品（GMF）有：

※ 黄豆制品：如大豆色拉油、酱油、豆浆、豆干、豆腐。

※ 玉米制品：如玉米油、玉米粉、面包及糕点。

※ 其他：棉花、油菜与甜菜。

各个国家及地区转基因食物标示说明

目前，中国、日本、韩国、马来西亚、越南、泰国、印尼以及中国台湾地区等 64 个国家和地区制定了强制转基因食品标示。这些国家和地区的消费者可通过阅读商品上的标签——看看是否标注"转基因 ×× 食品""以转基因 ×× 食品

---

① 原农业部（现农业农村部）《农业转基因生物标识管理办法（2017 年 11 月 30 日修订版）》第六条规定：凡转基因动植物、微生物或其加工制品（即产品中只要含有转基因成分，无论比例多少），都必须标注"转基因 ××""转基因 ×× 加工品（制成品）"或者"加工原料为转基因 ××"。

② 根据农业农村部官网历年公开发布的《农业转基因生物安全证书（进口）批准清单》可知：大陆地区目前获准进口的转基因作物为大豆、玉米、油菜、棉花、甜菜、水稻、番木瓜，用途为加工原料（例如榨油或用于动物饲料）；获准进行商业化种植的转基因作物是棉花和木瓜。

为原料"或"基因改造食品GMF""基因改造生物GMO"等来分辨。

研发种植转基因作物的大国如美国，对转基因食品制定了强制标示法令，而加拿大始终以"缺乏明确的科学证据证明转基因作物有害于人体"为理由，拒绝在食品包装上标示转基因成分。

认识有机／无毒食材

通常听到"有机食品"的时候，大部分的人可能会觉得是比较天然，而且是没有农药、杀虫剂、抗生素等的健康食品。但有机食品通常比较贵，而且有些食材还不容易买到。

其实有机食品，就是农夫种植植物性食物原料（如黑糖、可可、咖啡豆、面粉等）、蔬菜和水果时，不使用合成的药物。有机与非有机的食物在营养成分的任何一个方面（比如蛋白质、微量元素、矿物质、纤维等）都没有差别[①]。

担心没有给孩子吃有机食物会导致吃的食物营养不足的家长朋友们，现在可以放心了，因为有机与非有机的差别，只在于种植对环境的破坏程度及种植过程对食材的污染程度。

那么爸妈们怎样选择食物，才是对孩子、对家人最好的方式？以下几大原则不妨参考一下。

◎食物多样化、营养均衡最重要

在金钱和时间都有限的情况下，能够选择最多种类的食物是最重要的。相同一笔钱如果选择普通食材，各种东西都可以买到一些，但如果选择有机食物，能够买到的食物种类就少一些。对于全素食幼儿，可根据其自身情况合理搭配有机

---

① 原农业部（现农业农村部）在2001年发布的《有机食品认证管理办法》中规定，有机食品应符合以下标准：符合国家食品卫生标准和有机食品技术规范的要求；在原料生产和产品加工过程中不使用农药、化肥、生长激素、化学添加剂、化学色素和防腐剂等化学物质，不使用基因工程技术。

食材和普通食材。

◎当地、当季新鲜食物优先

无论是否有机，距离住家愈近的农场里产出的蔬果愈是我们的优先选择，因为食物如果要经过长距离运输才能到达卖场的话，在食物保鲜过程中可能会添加一些我们不想要的东西。另一方面，从保护环境的角度看，长距离运输也是比较耗费环境资源，并产生很多碳排放的方式。此外，当季新鲜食材因为气候的关系，容易种植，产量大，也较便宜；非当季蔬果除较不易种植、价格较贵之外，还需要依靠较多用以促进或维持该种类蔬果生长的"协助"，如催熟、保鲜，这些对幼儿的健康未必不是潜在的危险。

◎某些食物的农药与杀虫剂残留量比较高

某些食材其化学药物的使用量或残留量比较高。美国环保组织Environmental Working Group（EWG）曾公布美国"2017 年污染蔬果名单"，草莓、菠菜、苹果、桃、梨、樱桃、葡萄、芹菜、番茄、甜椒和马铃薯等悉数上榜。由于我国尚无数据，我们可以暂且参考美国的资料。在选购上述食物时，可优先选择有机品种，如果买不到有机品种，也记得吃之前多洗几次或去皮吃。与之相反，洋葱、玉米、圆白菜、甜豆、木瓜、芦笋、杧果、茄子、奇异果（猕猴桃）、哈密瓜、花菜和葡萄柚等蔬果的药物残留量是最少的，没有必要非买有机的不可。

有机 / 绿色 / 无公害食品标志

经验证通过的无公害产品、绿色食品和有机食品，会标有各自对应的标志，消费者可据此辨识各类产品。幼儿健康食材的选择有以下建议：

◎以天然、新鲜的食材为主

不选过度加工（糖蜜、腌渍、油炸、罐头）及含有太多人工添加物的食物。家长们在购买市售包装食物时，一定要记得看成分表（配料表），在天然食材之外，添加物成分愈少愈好，尤其是含色素和甜味剂的食品。

◎成分、保存期限、保存难易度都要考量

购买包装食品时，除了记得看成分外，也不能忽略保存期限和是否容易保存。特别是在卖场购买的食物通常都是大包装，拆封后若一次吃不完，请按包装上标记的保存方式保存，并尽快食用完毕。

◎避免重口味，以"少盐、少糖、少油脂"为原则

尤其是精制糖（包括果糖、砂糖、冰糖、黑糖等，一份食物中精制糖以不超过 10 克为限）、反式脂肪（又称氢化油脂、人造奶油）、饱和脂肪，食物中的含量愈少愈好。另外，也要注意隐藏性的钠含量，如海苔酱、素香松、番茄酱、番茄汁。有些食品吃起来不一定很咸，但钠含量却很高，如面线、油面。

1～3 岁幼儿的盐建议摄取量为每日 2 克，4～6 岁为每日 3 克。而 1 克的盐含有 400 毫克钠，换算下来，1～3 岁幼儿的钠建议摄取量为每日 800 毫克，4～6 岁为每日 1200 毫克。若一份食物的钠含量超过建议摄取量 100 毫克，对幼儿来说就会造成很大的负担。家长可以试着估算看看，你家宝贝一天大概摄入了多少钠呢？

儿童专用餐具材质注意事项

目前市售的儿童餐具林林总总，造型多样又可爱。用来制作餐具的材料很多，有塑料、陶瓷、玻璃、不锈钢、竹、木等。如何选购、使用儿童餐具？原则如下：

（1）选择以安全材质生产的，或知名品牌的儿童餐具。经过国家相关部门检测的知名大厂，可以确保材料及色料纯净、无毒，更具安全性。有些天然材质的餐具，如木质或竹制餐具很不错，但比较容易发霉，清洗后要注意通风晾干；金属类餐具可选择不锈钢餐具，可消除含重金属的疑虑；硅胶餐具则有不易破裂、容易清洗的特性，但因为受材质优劣的影响很大，最好选择注明"食用级硅胶"

的餐具喔!

（2）选择没有尖锐边角的餐具，特别推荐圆形设计的，可防刮伤。

（3）可选择外出携带方便、防渗漏、小巧别致、安全且实用性强的多功能餐具。

（4）选择耐高温，煮久不易变形、脆化、老化，经得起磕碰、摔打，在摩擦过程中不易起毛边的餐具。

（5）挑选内侧没有彩绘图案的器皿，不要选择涂漆的餐具。

（6）尽量不要用塑料餐具盛装热腾腾的食物。

（7）使用完毕后，应及时彻底清洁餐具，以免细菌滋生，并与成人餐具分开放置。

**营养师
小叮咛**

美耐皿不适合盛装食物

另外提醒妈妈，有时为了方便，有许多家庭也会用外观宛如陶器却较轻巧且不易碎的美耐皿来盛装餐具。殊不知美耐皿是三聚氰胺与甲醛聚合而成的塑料制品，若长期盛装食物，会有一定量的三聚氰胺与甲醛渗入食物之中。不如趁此机会审视一下家中餐具喔。

以下表格整理出市面上各种材质的塑料容器，请家长留意外出用餐时小摊贩的餐具或外观漂亮的饮料容器使用是否正确。建议携带自己的餐具出门。

分类	食品容器	使用注意事项（耐热温度）
PET（聚乙烯对苯二甲酸酯）	保特瓶、饮料瓶	（1）避免盛装高温饮品（≥ 85 摄氏度） （2）一次性使用 （3）耐热温度 60 ~ 85 摄氏度
HDPE（高密度聚乙烯）	牛奶瓶、厚塑料袋	（1）不重复盛装饮用品 （2）耐热温度 90 ~ 110 摄氏度
PVC（聚氯乙烯）	保鲜膜、鸡蛋盒	（1）不可盛装高温食品（≥ 80 摄氏度） （2）不可微波 （3）耐热温度 60 ~ 80 摄氏度
LDPE（低密度聚乙烯）	塑料袋	（1）避免盛装高温食品（≥ 90 摄氏度） （2）耐热温度 70 ~ 90 摄氏度
PP（聚丙烯）	微波容器、果汁瓶、豆浆瓶、布丁盒	耐热温度 100 ~ 140 摄氏度
PS（聚苯乙烯）	养乐多瓶、冰激凌盒、保丽龙碗	（1）不可盛装酸、碱性食品 （2）避免盛装高温食品（≥ 90 摄氏度） （3）耐热温度 70 ~ 90 摄氏度

本章参考文献

[1] 台湾地区卫生福利事务主管部门.素食幼儿期营养[R].2018.

[2] 台湾地区卫生福利事务主管部门.台湾常见食品营养图鉴[R].2007.

[3] 台湾地区食品药物事务主管部门.食品成分数据库[R].2017.

[4] 台湾地区卫生福利事务主管部门.食品安全卫生倡导教案[R].

[5] 无毒农网站：https://greenbox.tw/

[6] 台湾地区食品药物事务主管部门.正确洗菜三原则[R].

[7] 黄惠如.双酚A危害健康，如何选用塑胶品？[J].康健杂志,2007,106.

[8] www.NaturallySavvy.com

[9] Craig W J. Health effects of vegan diets[J]. The American Journal of Clinical Nutrition ,2009, 89: 1627S-1633S.

[10] Rizzo G, Baroni L. Soy, Soy Foods and Their Role in Vegetarian Diets[J]. Nutrients,2018,10:43.

[11] 英国膳食营养学会网站：https://www.nutritioninsight.com/news/vegan-diets-can-support-healthy-living-british-dietetic-association-confirms.html

[12] 玛斯特.搅动吧，人生！果汁机健康裸食圣经[M].台北：常常生活文创股份有限公司，2016：24.

[13] 徐嘉.非药而愈：一场席卷全球的餐桌革命[M].南昌:江西科学技术出版社，2018:176,208.

[14] http://www.moa.gov.cn/ztzl/zjyqwgz/zcfg/201007/t20100717_1601302.htm

[15] http://www.moa.gov.cn/was5/web/search?orsen=%E6%89%B9%E5%87%86%E6%B8%85%E5%8D%95&channelid=233424&orderby=-DOCRELTIME

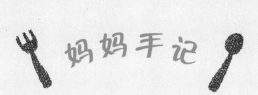

妈妈手记

全蔬食幼儿
营养补给站

Part

3

在本书的食谱中，营养师会针对素食/蔬食幼儿较可能缺乏的营养素作出说明，并以合适的食材来设计食谱，让幼儿从日常饮食中轻松摄取营养。

主题1 高钙

幼儿时期，足量的钙质尤为重要，除了可以帮助幼儿成长外，也有助于其成年后有较佳的骨质及较低的骨折风险。幼儿时期若长时间缺钙，会导致生长迟缓、佝偻症以及成长中的骨骼钙化异常。

 素食幼儿更易缺钙吗？

钙质对于成长中幼儿的骨骼钙化非常重要，足够的钙质可帮助幼儿成长，缺乏时会出现生长迟缓的状况。2011年的台湾地区婴幼儿体位与营养状况调查结果显示：1～3岁幼儿钙质摄取不足率为14.2%，4～6岁幼儿则为19.7%。当孩子不再以母乳或婴儿配方食品为主要食物后，如何让素食/蔬食的孩子能够摄取足够的钙质，爸爸妈妈不妨参考本书营养师规划的食谱"上菜喽"部分。

 增加钙质吸收的因子

◎身体的需求：

不同年龄段人群对钙质的吸收率不同。幼儿对钙质的吸收率高达75%，成人对钙质的吸收率为20%～40%，老年人对钙质的吸收能力则进一步降低。

◎维生素D：

将经过日晒、富含维生素D的香菇、黑木耳等食物和富含钙质的食物一同食用，或多晒太阳帮助人体自行合成维生素D，均能促进钙质的吸收。

降低钙质吸收的因子

◎植物中的草酸、植酸：

避免将含钙食物和含草酸、植酸的食物一同食用。草酸、植酸遇钙会形成不溶性的草酸钙或植酸钙，降低肠道对钙质的吸收。

人体对食物中钙质的吸收率为20%～40%，例如对豆浆钙质的吸收率为30%。某些蔬菜含有大量的草酸或植酸，会阻碍钙的吸收，例如对菠菜钙质的吸收率就只有5%。当蔬菜的草酸含量低，对钙质的吸收率则会大大提升至50%～60%，例如芥菜、圆白菜、油菜、芥蓝菜、大白菜、花菜（花椰菜）、白萝卜等。

◎高钠食物：

摄取钠含量高的食物会增加尿液中钙质的流失。

高钠食品主要包括：腌渍/烟熏食品、罐头食品等加工制品及含盐食品。

◎蛋白质、脂肪：

蛋白质、脂肪摄取过量，会促进钙质的排泄，造成钙质的流失。

富含钙质的食物：豆类、海带类、深绿色蔬菜、坚果种子类等。

钙质的参考摄取量

　　根据台湾地区食品药物事务主管部门 2012 年修订的《膳食营养素参考摄取量》的建议，1～3 岁幼儿的足够钙摄取量（Adequate Intake, AI）为 500 毫克/日（中国大陆为 600 毫克/日），4～6 岁幼儿的足够钙摄取量为 600 毫克/日（中国大陆为 650 毫克/日）。

素食者钙质食物来源与含量

钙质（50 ～ 100 毫克/100 克）			
蔬菜		**蔬菜**	
大芥菜	98	黄豆芽	51.8
不结球白菜	94.9	紫色甘蓝	51
油菜	87.9	**全谷类**	
海带	86.5	红豆	86.6
芹菜	83.2	绿豆粉	73.6
菠菜	80.9	新鲜莲子	69.4
甘蓝芽	74.6	米豆	62.7
芥菜	72.4	**坚果种子类**	
空心菜	70.4	原味葵花子	90
美国空心菜	68	白芝麻（熟）	76.1
小麦苗	58.5	**豆类及豆制品**	
甘蓝（扁圆形）	57.6	毛豆	83.6
广东莴苣	56.3	豆腐皮	62
绿豆芽	55.6		

钙质（101～200 毫克/100 克）			
蔬菜		**全谷类**	
裙带菜	199	生莲子	128.9
九层塔	190.8	雪莲子(小)	117.5
芥蓝菜	180.6	花豆	108.4
黑豆芽	165.6	绿豆	108
白苋菜	146.2	**坚果种子类**	
荷叶白菜	131.4	花生粉	114.7
小松菜	126	杏仁粉	108.8
红凤菜	121.8	开心果	106.5
葵扇白菜	119.4	**豆类及豆制品**	
甘薯叶	105.4	黄豆	194
小白菜	103.4	黑豆粉	190.5
青江菜（上海青）	101.6	黑豆	176.2
		黄豆粉	143.9
黑叶白菜	100.7	传统豆腐	139.9

钙质（201～300 毫克/100 克）			
蔬菜		**豆制品**	
寿司海苔	298.1	日式炸豆皮	292
红毛苔（红毛藻）	277.8	豆干丝	286.7
洋菜	247.9	五香豆干	273
红苋菜	218.2	豆枣	272.7
坚果种子类		冻豆腐	240.5
杏仁片(熟)	262.4	三角油豆腐	215.5
亚麻籽	253		

钙质（ > 300 毫克/100 克）			
蔬菜		坚果种子类	
野苦瓜嫩梢	459	黑芝麻(熟)	1478.6
紫菜	341.6	黑芝麻粉	1449.2
野苋菜	335.6	山粉圆	1072.9
豆制品			
小方豆干	685.3	爱玉子	713.9
黑豆干	334.6		

资料来源：台湾地区食品成分数据库（2016 年新版）。

主题 2
高铁

缺铁及缺铁性贫血的发生率很高，特别是婴儿及年纪小的幼儿，常见于 6 ~ 24 个月幼儿。铁质不足时，容易发生贫血而造成供氧不足。当细胞的氧气供应不足时，易导致活动力和学习力下降，甚至影响幼儿智力，另外也会降低对疾病的抵抗力。

 素食幼儿更易缺铁吗？

2011 年的台湾地区婴幼儿体位与营养状况调查结果显示：1 ~ 3 岁幼儿铁质摄取不足率为 20.8%，4 ~ 6 岁幼儿则为 22.7%。素食幼儿铁质摄取量不比杂食幼儿低，但要注意植物性来源的铁质不像动物性来源的铁质容易被身体吸收，所以更要请家长在日常饮食中加入含铁的食材来帮孩子补充。

 增加铁质吸收的因子

◎维生素 C 能提升铁质吸收率：

饭前或饭后 2 小时内应食用维生素 C 含量高的水果，如柑橘类、奇异果（猕猴桃）等；生的绿叶菜也富含维生素 C。

降低铁质吸收的因子

◎草酸、植酸、单宁酸等会降低铁质吸收率：

减少或避免可可、茶水等饮品与正餐或富含铁质的食物一起食用。如果要饮用，至少需间隔 1 小时。

全谷物、豆类等植酸含量较高，会阻碍人体吸收钙、铁、铜、锌及镁等矿物质。利用浸泡、催芽、发酵等方式，可活化植物本身的植酸酵素，植酸酵素可以将植酸分解，因此可提高矿物质的吸收率。另外，坚果种子类同样可进行浸泡、催芽。浸泡、发芽后的食物变得更容易消化、不易胀气，很适合幼儿食用。

富含铁质的食物：全谷类、豆类、海带类、深绿色蔬菜、坚果种子类等。

Part
3

铁质的参考摄取量

　　根据台湾地区食品药物事务主管部门2012年修订的《膳食营养素参考摄取量》的建议，1～3岁幼儿铁建议摄取量（Recommended Dietary Allowance, RDA）为10毫克/日（中国大陆为9毫克/日），4～6岁幼儿铁建议摄取量为10毫克/日（中国大陆同为10毫克/日）[①]。

　　但要特别注意的是，很多豆类不可生吃，即使是发芽豆类也一样，因为豆类含有植物凝集素（phytohemagglutinin），会造成恶心、呕吐、腹泻及腹绞痛等不适症状，必须经过烹煮才能将其破坏。

---

① 原国家卫计委（现国家卫健委）于2018年发布的《中国居民膳食营养素参考摄入量》中，1～4岁幼儿每日铁建议摄入量为9毫克，4～7岁为10毫克（http://www.nhc.gov.cn/）。

🍅 素食者铁质食物来源与含量

铁质（毫克/100克）					
蔬菜		**全谷类**		**坚果种子类**	
红毛苔（红毛藻）	62	雪莲子（小）	9.1	黑芝麻（熟）	10.3
紫菜	56.2	米豆	7.1	山粉圆	10.1
洋菜	19	红豆	7.1	黑芝麻粉	8.6
寿司海苔	14.1	花豆	7	爱玉子	8.2
红苋菜	11.8	小麦胚芽	6	玉桂西瓜子	8
野苦瓜嫩梢	8.5	绿豆粉	5.2	花生粉	6.8
山芹菜	7.8	绿豆	5.1	亚麻籽	6.7
红凤菜	6	新鲜莲子	5.1	腰果（生）	6.6
裙带菜	5.4	糙薏仁	4.4	白芝麻（熟）	6.3
野苋菜	4.77	红扁豆仁	4.2	原味葵花子	6
九层塔	4.7	黑麦片	4	松子	5.3
白苋菜	4.6	燕麦	3.8	**豆类及豆制品**	
粉豆荚	3.2	小麦	3.4	黑豆粉	8.1
菠菜	2.9	小米	2.9	黑豆	6.7
芦笋花	2.5	荞麦	2.9	黄豆	6.5
甘薯叶	2.5	薏仁	2.7	豆干丝	6.2
小松菜	2.5	燕麦片	2.3	五香豆干	5.5
空心菜	2.1	大麦片	2.2	豆腐皮	4.7
甜豌豆荚	2.1	糯小米	2.2	小方豆干	4.5
稜角丝瓜	1.9	高粱	2.2	黑豆干	4.1
落葵	1.8	生莲子	2.2	黄豆粉	3.7
豌豆苗	1.8			毛豆	3.6
小麦苗	1.6			豆枣	3.1
草菇	1.6	豌豆仁	2.1	日式炸豆皮	2.5
蚵仔白菜	1.5			冻豆腐	2.5
		冬粉	1.9	小三角油豆腐	2.5
茼蒿	1.5	五谷米	1.6	百页豆腐	2.1
				传统豆腐	2

资料来源：台湾地区食品成分数据库（2016年新版）。

主题 3
高 Omega-3
脂肪酸

DHA是构成脑部组织的主要成分，对促进脑神经传递、增进智力发展以及眼睛视网膜的形成，都有益处。Omega-3脂肪酸可在体内转化成DHA。

 素食幼儿更易缺 Omega-3 吗？

油脂提供必需脂肪酸，帮助运送脂溶性维生素。大家熟知的DHA来源大部分是鱼油，而实际上，素食来源的DHA更不会有重金属的疑虑。通过摄取含 α-亚麻酸（ALA，即Omega-3脂肪酸）较高的食物，可以在人体中转换生成DHA，这样的食物包括亚麻籽、核桃、奇亚籽，以及亚麻籽油（新鲜初榨）、紫苏籽油、印加果油、芥花油等。以Omega-6∶Omega-3的比例而言，亚麻籽和亚麻籽油约为1∶4，核桃约为4∶1，紫苏籽油约为1∶3.6，印加果油约为1∶1.4，芥花油约为2∶1。

鉴于植物油的健康风险，我们主张尽量少油的饮食。亚麻籽、奇亚籽、核桃等坚果种子是补充Omega-3的更佳选择。

 增加 DHA 吸收的因子

◎ DHA 的摄取方法可简单分为两种：

（1）摄取植物的DHA，如素食藻油（由海藻提炼，有机食品店有售）。

（2）通过摄取含 α-亚麻酸（ALA，即Omega-3脂肪酸）较高的食物，可以在人体中转换生成DHA，例如亚麻籽、奇亚籽、核桃等。

 降低 DHA 吸收的因子

◎ Omega-6 脂肪酸：Omega-3 脂肪酸比例过高：

当体内的亚油酸（Omega-6 脂肪酸）及 α–亚麻酸（ALA，即 Omega-3 脂肪酸）摄取充足且比例为 2∶1 ～ 4∶1 时，体内将 ALA 转换为 DHA 的转换率较高（ALA 转换为 DHA 的转换率为 4% ～ 9%）。

而大部分植物油中，Omega-6 脂肪酸∶Omega-3 脂肪酸的比例都过高，例如大豆油的 Omega-6∶Omega-3 比例为 6.4∶1，玉米油为 50∶1，葵花油甚至高达 70∶1，因此不建议食用。若增加摄取 α–亚麻酸含量较高的食物，例如亚麻籽、奇亚籽、核桃，可以帮助提升 ALA 转换为 DHA 的转换率。

> 富含 Omega-3 的食物：
> 首选：亚麻籽、奇亚籽、核桃。
> 次选：亚麻籽油（新鲜初榨）、紫苏籽油、
> 芥花油、印加果油。

> **DHA 的参考摄取量**
> 根据台湾地区食品药物事务主管部门最新《膳食营养素参考摄取量》的建议，2 ～ 6 岁小孩没有明确的 DHA 每日营养素建议摄取量。[1]

---

[1] 原国家卫计委（现国家卫健委）于 2018 年发布的《中国居民膳食营养素参考摄入量》中，0 ～ 7 岁幼儿 Omega-3 脂肪酸（n-3 多不饱和脂肪酸）参考摄入量见 http://www.nhc.gov.cn/ewebeditor/uploadfile/2017/10/20171017152901174.pdf。

素食者 Omega-3 脂肪酸食物来源与含量

Omega-3 脂肪酸（毫克/100 克）				
油脂类				
首选	亚麻籽	21744	奇亚籽	19060
次选	亚麻籽油（新鲜初榨）	53440	印加果油	48600
	紫苏籽油	50000	芥花油	7645

资料来源：台湾地区食品成分数据库（2016 年新版）。

主题 4 保护眼睛·叶黄素

叶黄素（lutein）与玉米黄素（zeaxanthin）都是类胡萝卜素的家族成员，结构上与 β–胡萝卜素很像，普遍存在于天然的深绿色蔬菜、水果中，如菠菜、西兰花等。

相较于其他类胡萝卜素，叶黄素和玉米黄素在眼睛健康上扮演着完全不一样的角色。类胡萝卜素主要在人体内转化为维生素 A，可预防夜盲症。而在所有类胡萝卜素中，只有叶黄素和玉米黄素能出现在黄斑部位上，其主要作用是抗氧化和吸收蓝光的能量，降低环境因素对感光细胞的损害。

 素食幼儿更易缺叶黄素吗？

身处信息发达的社会，当手机等电子产品充斥我们的生活时，妈妈们除了应在假日多带孩子去户外走走外，平日的饮食又该注意些什么呢？

孩子日常的饮食，除了均衡摄取各类食物外，也要加入富含叶黄素的食物。只要饮食搭配合理，素食孩子就不会缺叶黄素。

 增加叶黄素吸收的因子

◎搭配油脂摄取：

叶黄素与玉米黄素都是类胡萝卜素的家族成员，既然为类胡萝卜素，就属于脂溶性维生素。脂溶性维生素需要有油脂才能顺利吸收。因此建议，烹调此类食物时加入油脂（如适量坚果类或适量相对健康的植物油），或在一餐中与其他含油脂食物一起食用。

◎蔬果是主要来源：

类胡萝卜素由植物制造，所以其主要来源是我们日常的蔬果。也就是说，蔬果是叶黄素和玉米黄素的主要来源，而五谷杂粮类或鱼贝海鲜类等其他食物中含量并不多。

相较于蔬菜，水果中的叶黄素和玉米黄素含量偏低。叶黄素和玉米黄素含量较高的食物有菠菜、地瓜叶和南瓜等。

 降低叶黄素吸收的因子

◎与大量 β 胡萝卜素同时摄取：

根据台湾地区食品药物事务主管部门的报告，饮食中若适度摄入 β-胡萝卜素，对于叶黄素的吸收影响并不大，但若同时摄入大量 β-胡萝卜素，则会影响叶黄素的吸收。这主要是因为叶黄素和 β-胡萝卜都属于类胡萝卜素，它们在肠道中的吸收路径相似，所以可能产生相互竞争的情况。

富含叶黄素的食物：依照常见食物的叶黄素及玉米黄素含量（每100克含量）由高到低排序，分别为菠菜（12.2毫克）>地瓜叶（2.6毫克）>南瓜（1.5毫克）>西兰花（绿花椰菜）（1.4毫克）>胡萝卜（0.67毫克）>橙子（0.13毫克）>番茄（0.12毫克）>圆白菜（0.03毫克）。

叶黄素的参考摄取量

台湾地区食品药物事务主管部门2012年修订的《膳食营养素参考摄取量》并没有叶黄素和玉米黄素的建议摄取量，但近几年来的研究显示，每天摄取10毫克叶黄素和2毫克玉米黄素就可从中获取健康益处。

另外，哈佛大学的研究显示，每天摄取6毫克叶黄素可降低43%的黄斑退化风险。此外，《美国医学会杂志》（*The Journal of the American Medical Association*）的研究提到，每天摄取6～10毫克叶黄素对眼睛的健康有帮助。换句话说，在每日蔬果饮食中，选择2～3份富含叶黄素和玉米黄素的食物大概就可满足身体每日的需求。

素食者叶黄素食物来源与含量

叶黄素（毫克/100克）	
全谷类	
青豌豆	2.5 毫克
玉米	1 毫克
南瓜	1.5 毫克
蔬菜类	
菠菜	12.2 毫克
芥蓝菜	8.9 毫克
甘蓝	8.198 毫克
山茼蒿	3.8 毫克
地瓜叶	2.6 毫克
罗马生菜	2.4 毫克
西兰花（绿花椰菜）	1.4 毫克
胡萝卜	0.67 毫克
番茄	0.12 毫克
红甜椒	0.051 毫克
水果类	
橙子	0.13 毫克
猕猴桃（奇异果）	0.122 毫克
木瓜	0.089 毫克
杧果	0.023 毫克

资料来源：SELF NutritionData网站。

主题5
提升免疫力·维生素C、E、B族及叶酸

维生素C和E除了是组成人体免疫球蛋白（抗体）的重要营养素外，也是最天然的抗氧化剂，可减少人体自由基对免疫细胞的破坏，并增强抗体的作用。维生素B族和叶酸的代谢对细胞至关重要，可促进免疫细胞的分化和制造。简而言之，维生素B族和叶酸具有促进幼儿生长发育及预防感冒的功效。

 素食幼儿更易缺乏维生素 C、E、B 族及叶酸吗？

2011 年的台湾地区婴幼儿体位与营养状况调查显示，1 ~ 6 岁的幼儿普遍有叶酸摄取不足的问题，1 ~ 3 岁未达建议量 ⅔ 的比例为 41%，4 ~ 6 岁则高达 72%。另外，1 ~ 6 岁幼儿中维生素B₁摄取未达建议量的 ⅔ 的比例超过 1%。因此，本书的食谱部分会对在饮食中摄入足够的维生素和叶酸予以示范。

 增加维生素 C、E、B 族及叶酸吸收的因子

◎蔬果是主要来源：

维生素C的主要摄取来源为各类的蔬菜和水果，因此素食者不容易有缺乏的状况。

◎搭配油脂摄取：

维生素E为脂溶性维生素，因此在饮食中加入适量富含油脂的食物（如坚果），可提高其吸收率。全素食者的维生素E摄取来源主要为豆类、坚果种子类及部分蔬菜类。

◎从豆类、坚果类补充：

维生素B族中常见的成员有B_2、B_6、B_{12}等等，广泛存在于各类食物中（B_{12}除外）。素食者从食物中摄取B族最重要的来源为豆类、坚果类以及部分海带制品。

需要注意的是，全素食者可能需要额外补充B_{12}，可以选择从药店购买几元一瓶的维生素B_{12}片。

 降低维生素 C、E、B 族及叶酸吸收的因子

◎烹调加热时间太久：

维生素C、B及叶酸属于水溶性维生素，加热过久容易促使其流失，所以烹调时间应尽量缩短，尽可能多地保存营养素。

富含维生素C、E、B族及叶酸的食物：各类蔬菜和水果、豆类、坚果种子类以及部分海带制品。

维生素C、E、B族及叶酸的参考摄取量

台湾地区食品药物事务主管部门《膳食营养素参考摄取量》(2012)

· 维生素C(每日):1~3岁幼儿为40毫克,4~6岁幼儿为50毫克。

· 维生素E(每日):1~3岁幼儿为5毫克,4~6岁幼儿为6毫克。

· 维生素B_1(每日):1~3岁幼儿为0.6毫克,4~6岁幼儿为0.8毫克(女性)、0.9毫克(男性)。

· 维生素B_6(每日):1~3岁幼儿为0.5毫克,4~6岁幼儿为0.6毫克。

· 维生素B_{12}(每日):1~3岁幼儿为0.9微克,4~6岁幼儿为1.2微克。

· 叶酸(每日):1~3岁幼儿为170微克,4~6岁幼儿为200微克。

原国家卫计委(现国家卫健委)《中国居民膳食营养素参考摄入量》(2018)

· 维生素C(每日):1~4岁幼儿为40毫克,4~7岁幼儿为50毫克。

· 维生素E(每日):1~4岁幼儿为6毫克,4~7岁幼儿为7毫克。

· 维生素B_1(每日):1~4岁幼儿为0.6毫克,4~7岁幼儿0.8毫克(女性)、0.8毫克(男性)。

· 维生素B_6(每日):1~4岁幼儿为0.5毫克,4~7岁幼儿为0.6毫克。

· 维生素B_{12}(每日):1~4岁幼儿为0.8微克,4~7岁幼儿为1.0微克。

· 叶酸(每日):1~4岁幼儿为160微克,4~7岁幼儿为190微克。

素食者维生素食物来源与含量

维生素C（毫克/100克）			
蔬菜		**水果**	
番茄	12.3	奇异果（猕猴桃）	73
青江菜（上海青）	28.5	金黄奇异果	93
圆白菜	37.2	杧果	23.5
甜椒	137	香蕉	10.5
甜椒（青）	107.5	**全谷杂粮类**	
西兰花（青花椰菜）	66.5	地瓜	20
胡萝卜	5.4	**豆类**	
老姜	2.1	毛豆仁	22.6

维生素E（毫克/100克）			
蔬菜		**水果**	
老姜	2.1	奇异果（猕猴桃）	1.7
青江菜（上海青）	3.4	金黄奇异果	2.2
甜椒	2.1	香蕉	0.3
海带	1.02	**全谷杂粮类**	
油脂类		五谷米	1.9
黑芝麻油	177	南瓜	1.11
腰果	8.7	**豆类及豆制品**	
橄榄油	18	毛豆仁	2.04
		传统豆腐	2.8
		冻豆腐	5.0
		豆浆	1.1

叶酸（微克/100 克）			
蔬菜		**坚果类**	
干香菇	290	腰果	88
杏鲍菇	42.4	**全谷杂粮类**	
海带芽	29.4	五谷米	28.2
老姜	45	南瓜	59.5
青江菜（上海青）	72.5	**水果类**	
圆白菜	20	猕猴桃（奇异果）	30.5
西兰花（青花菜）	55.8	杞果	27.1
胡萝卜	16.5	**豆制品**	
黑木耳	47.5	传统豆腐	35
甜椒	27.6	冻豆腐	29.7
洋菇	24.4	豆浆	13.3

维生素B$_6$（毫克/100 克）			
蔬菜		**坚果类**	
番茄	0.1	腰果	0.39
干香菇	0.94		
杏鲍菇	0.23	**全谷杂粮类**	
海带芽	1.74	五谷米	0.2
老姜	0.1	南瓜	0.3
青江菜（上海青）	0.13	**水果类**	
圆白菜	0.17	猕猴桃（奇异果）	0.14
西兰花（青花菜）	0.13	杞果	0.11
胡萝卜	0.15	**豆类及豆制品**	
黑木耳	0.7	传统豆腐	0.02
甜椒	0.15~0.37	冻豆腐	0.05
洋菇	0.12	豆浆	0.04
		毛豆仁	0.14

维生素B$_1$（毫克/100克）		
蔬菜		
番茄	0.1	
干香菇	0.61	
杏鲍菇	0.18	
海带芽	0.17	
老姜	0.02	
青江菜（上海青）	0.04	
圆白菜	0.03	
西兰花（青花菜）	0.08	
胡萝卜	0.04	
黑木耳	0.08	
甜椒	0.05	
洋菇	0.06	

坚果类	
腰果	0.64

全谷杂粮类	
五谷米	0.48
南瓜	0.07

水果类	
奇异果（猕猴桃）	0.01
杧果	0.05

豆腐及豆制品	
传统豆腐	0.08
冻豆腐	0.02
豆浆	0.03
毛豆仁	0.39

主题 6
强化骨质·
维生素D

维生素D是一种脂溶性维生素，有助于维持血钙正常浓度、骨骼钙化、血液凝固、心脏跳动及神经传导等。幼儿若严重缺乏维生素D，会导致头部、关节和胸腔扩张，髋骨变形和弓形腿等，即佝偻病（Rickets）。近年来的医学研究显示，维生素D在慢性发炎等相关疾病中扮演着重要的角色。

素食幼儿更易缺维生素 D 吗？

幼儿至青少年阶段，是骨骼健康生长的重要阶段。小朋友想要长高，家长一般会认为必须要多补充钙质，但实际上只补充钙质无法有效让身体显著长高。维生素D在这方面就扮演着相当重要的角色。由于维生素D仅存在于特定食物中，对于素食幼儿而言，食物选择面更窄，除了适度的日晒外，更要注意食物的选择与适当的摄取量。另外，提醒幼儿与青少年族群，钙质同样要达到适当的摄取量，才能让维生素D促进钙质的吸收，起到强健骨骼的作用。

维生素 D 的来源

◎皮肤制造：

皮肤内含有7-脱氢胆固醇（7-dehydrocholesterol），经日光照射（紫外线UVB）后可转化形成维生素D_3。人体中80% ~ 90%的维生素D是从日晒得来，10% ~ 20%是从食物中得来。平时适度的日晒是获取维生素D的主要方式，建议日晒时间为10：00 ~ 15：00，每次10 ~ 15分钟。

◎植物性食物中维生素 D：

麦角固醇主要存在于酵母与菇类等植物中，经日光照射后会转化形成维生素D_2（麦角钙化醇，Ergocalciferol）。

◎强化食品：

于谷类中添加维生素D来强化营养。吃了含有维生素D的食物后，其中80%的维生素D于小肠处被吸收，依靠乳糜微粒经由淋巴系统运送至肝脏。

 增加维生素 D 吸收的因子

◎日晒充足：

选择背部或手、脚等处进行有限度的曝晒。一般来说，人体可以借由日照自行合成维生素D。家中有幼儿的话，建议每天带出户外散步接受日晒10~15分钟或以上。

◎搭配油脂摄取：

摄取时需搭配油脂才容易吸收，如菇类用油炒方式烹调、维生素D补充剂于饭后马上服用等[①]。

 降低维生素 D 吸收的因子

日晒不足（日晒时间短、季节性影响、使用防晒剂等）、空气污染、肥胖、患有影响脂肪吸收的疾病等。

 活性维生素 D

维生素D（不论来自皮肤合成还是食物或补充剂）和蛋白质结合，进入循环系统后，会在肝脏和肾脏中形成活性维生素D。活性维生素D会参与体内各种生理作用。

---

① 事实上，人的肚子里一般都有脂肪，无需特意补充，除非是只吃蔬菜水果的人群。

富含维生素D的食物：黑木耳、蕈菇类（尤其是经日光或模拟太阳光之脉冲光照射后的蕈菇类）、强化维生素D的食品等。

维生素D的参考摄取量

根据台湾地区食品药物事务主管部门2012年修订的《膳食营养素参考摄取量》的建议，1～50岁民众维生素D的足够摄取量（Adequate Intake, AI）为5微克/日，相当于200国际单位/日（中国大陆为10微克/日）[①]。

《膳食营养素参考摄取量》中，维生素D系以维生素D_3为计量标准。

虽然有制定幼儿维生素D参考摄取量（1～3岁和4～6岁幼儿每天均摄取5微克），但在卫生管理部门的食品数据库及大部分食品成分表中并无维生素D含量的相关资料，不过在一些强化维生素D食品的营养素表中仍可查到。

为了定量食谱中维生素D含量，本书食谱皆选择市面上有维生素D含量标示的食材。

注意维生素D的毒性

通过饮食摄取或日晒产生的维生素D都没有过量中毒的危险，高剂量的补充剂则容易过量。维生素D摄取过量，早期有恶心、口渴、尿急、腹泻等症状，长期则会造成肝、肾、心、血管壁与关节等的钙化而导致功能异常，严重者将造成死亡。1～50岁民众的上限摄取量（Tolerable Upper Intake Levels, UL）为50微克/日（相当于2000国际单位/日）。

---

① 原国家卫计委（现国家卫健委）于2018年发布的《中国居民膳食营养素参考摄入量》中，0～50岁民众每日维生素D建议摄入量为10微克（http://www.nhc.gov.cn/）。

**主题 7
高锌**

锌的功能为调节免疫力、帮助生长发育、维持味觉功能与促进食欲等，并在身体重要酵素的合成中扮演着不可或缺的角色。对生长发育中的幼儿来说，锌是非常重要的营养素！

 素食幼儿更易缺锌吗？

缺乏锌的症状有皮肤病变、腹泻、发育迟缓、味觉改变或免疫力降低、脱发等。本书中，营养师会与大家分享如何从食材中补充足够的锌，并以含锌量较高的食材作为主要的料理原料。只要合理搭配，素食幼儿就不会缺锌。

 增加锌吸收的因子

◎改吃全谷类食物：

最简单的就是先将白米饭改为五谷饭喽！全谷杂粮类中，每100克芋头含有2.2毫克的锌，每100克鹰嘴豆含有2毫克的锌，每100克五谷米含有1.8毫克的锌。

或是偶尔将主食混着芋头一起烹煮，不但主食变得香松可口，含有丰富的锌，同时也补充了膳食纤维，帮助肠道蠕动！一举数得！

豆荚类食物及坚果也含有丰富的锌。10颗核桃约含3毫克的锌，腰果则是10颗含有0.9毫克的锌。

芋头混入主食可以补充锌。

富含锌的食物：芋头、鹰嘴豆、五谷米、菠菜、蘑菇、核桃、腰果等。

锌的参考摄取量

参考台湾地区食品药物事务主管部门发布的《膳食营养素参考摄取量》，2 ~ 6 岁幼儿锌的每日建议摄取量为 5 毫克（中国大陆为 4 ~ 5.5 毫克）[1]。

🍎 素食者锌食物来源与含量

锌（毫克/100克）			
坚果类		蔬菜类	
腰果	5.9	鲜香菇	1
核桃	3	菠菜	0.7
全谷杂粮类		蘑菇	0.7
芋头	2.2	豆类及豆制品	
鹰嘴豆	2	豆腐皮	2.1
糙米（生）	2.1	毛豆	1.7
五谷米（生）	1.8	豆腐	0.8

---

[1] 原国家卫计委（现国家卫健委）于 2018 年发布的《中国居民膳食营养素参考摄入量》中，1 ~ 4 岁幼儿每日锌建议摄入量为 4 毫克，4 ~ 7 岁为 5.5 毫克（http://www.nhc.gov.cn/）。

主题 8
把不爱吃的
食材变好吃

在门诊卫生宣教工作中，询问孩子的饮食习惯时，经常会听到孩子说"不喜欢吃青菜"。儿童福利联盟曾于 2010 年公布台湾地区幼儿偏食情况调查，结果显示，高达 36% 的幼儿偏食，其中 $\frac{1}{3}$ 的幼儿有便秘情况。

许多孩子不喜欢甚至排斥"有特殊味道"的食物。调查后发现，孩子最讨厌的食物以苦瓜居首，其次是茄子、山药。另外，青椒、西芹、胡萝卜等，也都是孩子不喜欢的食物。

事实上，调查出来的这些食物，除了孩子，相信许多大人也"敬而远之"，即使知道这些皆为营养丰富的食物，但仍会因其"特殊风味"而选择拒绝。也因此，当妈妈们准备含有这些食材的菜肴时，就很容易出现让家长们头痛的"剩菜王"。

既然这些食物都是含有丰富营养的，那么如何让全家大小都能接受，就是对妈妈们智慧及手艺的一个考验了：如何运用各种巧思、创意及其他妈妈的分享，将这些"剩菜王"制作成一家大小（尤其是孩子）都能接受的菜肴，将妈妈的用心及食物的营养，全部吃下去。

妈妈们，就让我们一起用心，打败"剩菜王"吧！

常见的孩子不喜欢的食材

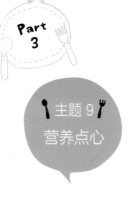

主题 9
营养点心

　　全素或生食的素食饮食，相较于其他饮食，存在热量摄取量可能偏低的问题。因此对于全素食幼儿，在正餐之间穿插吃一些点心（健康零食），不仅能增加热量的摄取，也能补足正餐没有摄取到的营养。

　　◎点心摄取重点：

　　※蛋白质：在纯素饮食中，重要的蛋白质来源包括谷类（cereal）及豆科植物（legume）。但谷类中赖氨酸（Lysine）属于限制性氨基酸[①]，豆科植物中含硫氨基酸也是限制性氨基酸，因此给素食孩子选择点心时，可通过食材搭配的小技巧来让孩子获得所有的氨基酸。例如，可参照本书食谱，选用谷类制品及豆科植物制作出一道点心，再搭配整日足够蔬果量，即能摄取到所有氨基酸。另外要提醒的是，在食用不同形式的植物性蛋白质时，务必要在同一天食用（但不需在同一餐），才可发挥最佳效果！

　　※每日点心摄取次数：每个孩子的作息及每日活动量不尽相同。一般而言，2～3岁幼儿的点心建议量为每日食用2～3次（本书的点心设计以每日摄取2次为例），可穿插在活动前后让孩子摄取；4～6岁幼儿，因活动量更大，每日建议食用3次，以达到足够的热量摄取。

---

① 限制性氨基酸：有些氨基酸在饮食中普遍缺乏，又不能由任何其他氨基酸转换或合成，使蛋白质的营养受到限制，因此被称为限制性氨基酸。

妈妈手记

全蔬食幼儿
健康食谱

Part
4

"全蔬食幼儿健康食谱"的正确打开方式

这一部分，是营养师专门为蔬食幼儿精心设计的健康、美味食谱，按功能划分为**高钙、高铁、高Omega-3脂肪酸、保护眼睛、提升免疫力、强化骨质、高锌、把不爱吃的食材变好吃、营养点心**九大版块，兼顾营养和美味。

如前所述，健康蔬食应是尽量少油甚至无油的饮食。在因口味习惯、烹饪习惯或处于改变饮食习惯的过渡期而无法做到无油时，可在烹饪中加入少量相对健康的植物油。

因此，本书的食谱部分为了兼顾更多类型蔬食者的需求，在菜谱设计时，多有用到少量前文提及过的相对健康的植物油，如亚麻籽油、紫苏籽油、芥花油等。

能够做到健康无油的读者们，可以在做菜时选择不放油（需煎炸的除外），进行无油烹饪（蒸、煮、拌、无油炒菜）；暂时做不到无油的朋友们，则可按本食谱操作，没有问题。但建议在可接受的程度内尽量少用油，便宜行事。

在九大功能性食谱的后边，我们还特别推荐了健康美味无油（少油）食谱集合以及婴幼儿专属健康美味无油（少油）食谱，供读者参考。

关于无油炒菜，这里有一段选自健康美食公众号"素愫的厨房"，由素愫（《极简全蔬食》作者）奉献给大家的非常实用的操作技巧说明：

无油炒菜，就是把油省去，而不是用水代替油。

"水炒菜"的味道更接近"煮"，只是用少一点的水在煮。如需要"炒"的味道，不要加水，直接放锅里炒就可，新鲜蔬菜本身有水分，清洗过也会带着水，遇热会自然出水。

不需要什么特殊功能的锅，一般都不会粘，即使粘上少许，洗锅也容易。毕竟"粘"不是问题，"锅难洗"才是问题。

我有一口用了多年的高压锅，盖子坏了，拿来炒菜却颇为方便，不太会粘锅，因为锅壁是光滑的，清洗也容易（煮糊了不算）。

有些确实易粘又难洗锅的食材，或者不用油炒觉得不好吃的，可以用其他的无油烹饪方式。烹饪是艺术，艺术就是不受限，有无限可能。不要总被困在"热锅，下油，下菜"的圈圈里。

在炒的过程中，如果食材比较干，可以沿锅边洒入少许的清水或当餐煮的素汤或米汤，蒸汽迅速升起融入菜中，不仅解决了锅变干的处境，还可令菜的口感更柔滑，增添风味。

适当地盖上锅盖一会儿，也有助于蒸汽回落在锅内，产生汤汁。

有没有发现，许多蔬菜用油炒过后，想再煮熟耗时甚久。大概是被油包裹后，水分难进去？所以想必也较难消化？表现突出的有豆角、花椰菜、苋菜、土豆丝等。

许多小朋友不喜欢硬邦邦的菜的口感，许多家长说"我娃不爱吃菜"。没有的事，娃只是不喜欢吃他觉得不好吃的菜。

最近，素食寒凉、水果寒凉的话题已经不热门了，但是又出了新的热门话题："用什么代替？"

煎饼里的蛋用什么代替？馒头面包里的糖用什么代替？不喝牛奶了用什么代替？我不喜欢吃豆腐，用什么代替才能获得蛋白质？

做"减法"是不是让人很不甘心？所以非得找好替代品？

煎饼本来就没有蛋，有蛋的叫蛋饼。面粉本来就含糖，嚼一嚼就有天然甜味。比腥味牛奶好喝的健康饮品多得是。所有食物都有蛋白质，不论是牛吃的草，还是猴子吃的水果。

好啦，少油无油的问题我们先说到这里。另外，还要对食谱中的谷类进行一点说明：如前文所述，未经精制的全谷类，例如糙米、藜麦、荞麦、小米等是更为健康、营养的谷类，但是，考虑到部分幼儿的消化系统较弱，难以消化全谷类食物，因此本食谱中未完全弃用白米、白面。父母们在执行的过程中可便宜行事，视情况选用白米、白面或全谷类。当孩子逐渐长大，消化系统渐强，再增加食物中全谷类的比例即可。

上菜喽

Good 营养分析

热量（大卡）	262.7
糖类（克）	29.9
蛋白质（克）	19.4
脂肪（克）	10.1
钠（毫克）	339.0
钙（毫克）	167.1

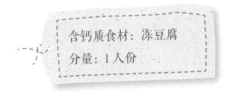

含钙质食材：冻豆腐

分量：1人份

食谱 1
高钙
- - - - - - - -
(2～3岁)

01

阳
光
咖
喱

食材

冻豆腐 65 克、红扁豆 40 克、番茄 20 克、杏鲍菇 30 克、水 400 毫升、植物油 5 克（1 小匙）。

调味料

姜末 5 克（$^1/_4$ 小匙）、孜然粉 2 克（$^1/_2$ 小匙）、姜黄粉 1 克（$^1/_4$ 小匙）、咖喱粉 1 克（$^1/_4$ 小匙）、盐 0.5 克（$^1/_8$ 小匙）。

做法

1. 清洗红扁豆并泡水 1 小时。
2. 将红扁豆放入锅中，加入 400 毫升水、$^1/_4$ 小匙孜然粉、$^1/_4$ 小匙姜黄粉和 $^1/_8$ 小匙盐，盖上锅盖，以中火煮约 30 分钟（可依个人喜欢的稠度，再酌情加水）。
3. 番茄及杏鲍菇洗净切小块。
4. 炒锅加入植物油，放入孜然粉 $^1/_4$ 小匙，用小火炒香至呈现棕色。
5. 加入杏鲍菇拌炒，再放入姜末、咖喱粉炒香。
6. 加入番茄炒至质地软化。
7. 放入冻豆腐、煮好的红扁豆糊拌匀，适量加水调整稠度，加入盐，继续用小火煮 10 分钟。

❤ **温馨提示** -

· 市售咖喱大多为荤食，准备姜黄粉与咖喱粉即可制作纯素咖喱。

· 扁豆可以事先浸泡、煮好后放入冰箱冷冻室保存，需要料理时再取出使用，可缩短烹煮时间。

营养师小叮咛

· 对于 4～6 岁幼儿，红扁豆使用量改为 60 克，冻豆腐改为 100 克，番茄改为 50 克，杏鲍菇改为 50 克。

营养分析

热量（大卡）	312.4
糖类（克）	45.6
蛋白质（克）	14.5
脂肪（克）	8.9
钠（毫克）	360.0
钙（毫克）	208.0

含钙质食材：小方豆干、传统豆腐、高钙豆浆

分量：2人份

02

蔬菜多多大阪烧

食材

1. 面糊：圆白菜70克、绿豆芽20克、胡萝卜15克、中筋面粉80克、山药30克、小方豆干20克、水100毫升。
2. 植物油5毫升（1小匙）。
3. 豆腐美乃滋：传统豆腐120克、高钙豆浆30毫升、柳橙汁7～8毫升（$^{1}/_{2}$大匙）。
4. 海苔1片（19厘米×20厘米，3克）。

调味料

1. 面糊调味料：黑胡椒3克（约1小匙）、砂糖10克（2小匙）。
2. 酱油膏适量。

做法

1. 圆白菜、胡萝卜、绿豆芽洗净，圆白菜、胡萝卜切丝；山药去皮，用果汁机（食物料理机）打成泥；小方豆干切丝、炒熟。
2. 面粉过筛后加入水100毫升拌匀，接着放入面糊调味料、山药泥、圆白菜丝、胡萝卜丝、绿豆芽、豆干丝，拌匀。
3. 热锅后转小火，加入植物油，接着放入蔬菜面糊，用汤匙塑成圆形，盖上锅盖，小火煎4～5分钟。
4. 制作豆腐美乃滋：传统豆腐烫熟。将所有食材全部放进果汁机（食物料理机），高速搅打1分钟直到柔滑绵密。
5. 纵横淋上豆腐美乃滋及酱油膏，最后放上海苔（剪成细条状）即可。

♥ 温馨提示

· 多数制作大阪烧的面糊会加入蛋黄。蔬菜多多大阪烧为纯素食谱，因此使用山药泥来增加面糊的滑嫩口感。

· 豆腐美乃滋淋在大阪烧后，若有剩余，可以加入水果或果酱直接食用；如果制备量较多，可以放在保鲜盒内，置冰箱冷藏，可保存4～5天，可加入即食谷物、水果等食用，或作为吐司、面包的抹酱。

 营养师小叮咛

· 对于2～3岁幼儿，蔬菜多多大阪烧吃半片；对于4～6岁幼儿，则需要吃$^{3}/_{4}$片。

· 豆腐美乃滋为2人份，取出一半的量作为食用量。

Good 营养分析	
热量（大卡）	308.3
糖类（克）	40.5
蛋白质（克）	15.5
脂肪（克）	9.9
钠（毫克）	424.0
钙（毫克）	254.8

03

香浓菇菇面

含钙质食材：高钙豆浆、传统豆腐
分量：1 人份

食材

意大利面 40 克、蘑菇 50 克（约 8 朵）、高钙豆浆 200 毫升、传统豆腐 20 克、巴西里少许、橄榄油 5 毫升（1 小匙）。

调味料

酱油 15 毫升（1 大匙）、盐 1 克（$1/4$ 小匙）、黑胡椒少许。

做法

1. 锅中加入橄榄油拌炒蘑菇，炒熟备用。

2. 煮热水，水沸腾后放入意大利面约煮 12 分钟（视品牌调整时间），沥干备用。

3. 将 100 毫升高钙豆浆及传统豆腐倒入果汁机（食物料理机），高速搅打 30～60 秒直到绵细柔滑，加入 $1/3$ 炒好的蘑菇，瞬转数次打碎，质地呈现颗粒状。

4. 将做法 3 的蘑菇泥倒入锅中，再加入 100 毫升高钙豆浆、巴西里及调味料，煮沸后转成小火，再炖煮约 5 分钟，不时搅拌，直到浆汁变浓。

5. 将意大利面拌入蘑菇酱汁，放入剩下的 $2/3$ 蘑菇并搅拌均匀盛盘。

❤ **温馨提示**

· 新鲜蘑菇色泽雪白，但接触空气久了，容易氧化变成黑褐色，影响视觉美观。清洗时注意用水冲洗，不要用手搓洗。洗完后放入冷水中，要煮时再取出，或放入热水中，加入 1 小匙盐，煮 1～2 分钟后捞起，放入冷开水降温，装入保鲜盒内，然后放进冰箱冷藏保存。

营养师小叮咛

· 对于 4～6 岁幼儿，意大利面用量改为 60 克，高钙豆浆改为 220 毫升，传统豆腐改为 40 克。

Good 营养分析	
热量（大卡）	336.7
糖类（克）	38.2
蛋白质（克）	16.9
脂肪（克）	13.4
钠（毫克）	385.0
钙（毫克）	331.4

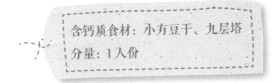

含钙质食材：小方豆干、九层塔
分量：1人份

04

花生香豆彩蔬青酱面

食材

意大利面 40 克、小方豆干 40 克、香菇 50 克、彩椒 10 克、植物油 5 毫升（1 小匙）。

调味料

1. 盐 1 克（$\frac{1}{4}$ 小匙）、黑胡椒少许。
2. 2 人份青酱：九层塔 50 克、姜末 2 克（约 $\frac{1}{2}$ 小匙）、花生酱 15 克（约 1 大匙）、黑胡椒 1 克（约 $\frac{1}{2}$ 小匙）、味噌 5 克（约 1 小匙）、橄榄油 5 毫升（1 小匙）、白开水 150 毫升。

做法

1. 香菇、彩椒洗净，九层塔用冷开水洗净；小方豆干及香菇切丁；彩椒切小丁，烫熟备用。
2. 炒锅中放入 1 小匙植物油，加入香菇丁、小方豆干丁炒香，加入调味料1调味。
3. 煮沸水，放入意大利面约煮 12 分钟（视品牌调整时间），沥干，放入餐盘备用。
4. 制作青酱：把九层塔、姜末、花生酱、味噌、橄榄油、白开水放进果汁机（食物料理机），高速搅打 30 ～ 60 秒，直至均匀混合，最后加入黑胡椒调味打匀。
5. 炒锅中先放入青酱及意大利面拌炒，接着加入已炒香的香菇丁与小方豆干丁拌炒，最后加上彩椒丁即可。

♥ 温馨提示 -

- 一般制作青酱时会用松子，但是松子的价格昂贵，可用花生酱取代之，另外可用姜取代青酱中的蒜、洋葱等香气食材。
- 买回来的九层塔，可以用纸巾包裹起来，装入保鲜袋，放入冰箱冷藏储存。
- 味噌味道甘醇，可以柔和青酱中九层塔的味道。
- 果汁机（食物料理机）的款式及容量会影响青酱制备量，可视果汁机条件与用餐人数，等比例调整制备量。

营养师小叮咛

- 青酱为 2 人份，只要取出 $\frac{1}{2}$ 量加入意大利面拌炒即可。对于 4 ～ 6 岁幼儿，意大利面使用量改为 60 克，小方豆干改为 60 克，香菇改为 70 克。

营养分析

热量（大卡）	337.7
糖类（克）	33.4
蛋白质（克）	14.2
脂肪（克）	17.7
钠（毫克）	639.0
钙（毫克）	219.8

含钙质食材：五香豆干、青江菜（上海青）、黑芝麻
分量：1人份

05

乌金荞麦面（含油较多）

食材

荞麦面 40 克、五香豆干 35 克、青江菜（上海青）50 克、植物油 2.5 毫升（½ 小匙）。

调味料

5 人份麻酱材料：黑芝麻 20 克（约 3.5 大匙）、白芝麻 20 克（约 3 大匙）、花生酱 5 克（约 1 小匙）、植物油 30 毫升（2 大匙）、酱油 15 毫升（1 大匙）、乌醋 7 ～ 8 毫升（½ 大匙）、热水 30 毫升（2 大匙）。

做法

1. 青江菜（上海青）洗净切小段，烫熟备用。
2. 五香豆干切丁；锅中放入 ½ 小匙植物油，加入五香豆干炒香备用。
3. 煮沸水，放入荞麦面约煮 5 分钟，沥干备用。
4. 制作麻酱：锅中倒入 20 毫升植物油，加入芝麻拌炒，接着倒入果汁机（食物料理机）搅打至细小颗粒或无颗粒状，再加入 10 毫升植物油、花生酱、酱油、乌醋、热水，继续搅打 30 秒直至均匀混合。
5. 将麻酱拌入荞麦面，加上炒香的五香豆干、烫熟的青江菜（上海青）即可。

♥ 温馨提示

· 一般制作麻酱时会使用白芝麻。为了提高钙含量，食谱中可加入黑芝麻混搭成为双色芝麻。
· 芝麻先用油炒，可提升芝麻的香气，然后再放入果汁机（食物料理机）中搅打。
· 果汁机（食物料理机）的款式及容量会影响麻酱制备量，可视果汁机条件与用餐人数，等比例调整制备量。

营养师小叮咛

· 麻酱为 5 人份，只要取出 ⅕ 量拌入荞麦面即可。对于 4 ～ 6 岁幼儿，荞麦面使用量改为 60 克，五香豆干改为 50 克，青江菜（上海青）改为 100 克。

营养分析

热量（大卡）	326.1
糖类（克）	47.3
蛋白质（克）	16.2
脂肪（克）	9.6
钠（毫克）	333.0
铁（毫克）	4.6

食谱2
高铁
（2～3岁）

01

萝卜味噌汤 & 双色卷卷饭

营养师小叮咛

· 2～3岁幼儿吃1条卷卷饭并搭配1碗萝卜味噌汤，可以满足营养需求；4～6岁幼儿则需吃1½条双色卷卷饭，萝卜味噌汤中的豆腐使用量为210克。

· 萝卜味噌汤中有富含蛋白质的豆腐，也可改用生豆皮。先煮/卤好生豆皮，然后包在卷卷饭中，增加变化。2～3岁幼儿，生豆皮用量为30克，4～6岁幼儿则为45克。

含铁质食材：红扁豆、海苔和海带芽

双色卷卷饭 | 分量：1人份 |

食材

红扁豆10克（约 $^2/_3$ 大匙）、细芦笋50克（5条）、白米饭80克（约半碗）、海苔1片（19厘米×20厘米,3克）、芝麻油5毫升（ $^1/_3$ 大匙）。

调味料

味噌5克（约 $^1/_3$ 大匙）。

做法

1. 细芦笋稍微去除老皮后放入开水中烫熟备用。
2. 红扁豆用热水煮熟捞起，加入味噌和芝麻油一起搅拌均匀。
3. 将海苔置于寿司竹帘上，铺上白米饭。
4. 接着在米饭上铺红扁豆与细芦笋，卷起即可。

♥ 温馨提示

· 扁豆可事先浸泡、煮好后放入冰箱冷冻室保存，需要料理时再取出使用，可缩短烹煮时间。

萝卜味噌汤（无油）| 分量：1人份 |

食材

白萝卜10克、海带芽2克（约1大匙）、中型香菇15克（约1朵）、芹菜5克（约1大匙）、嫩豆腐140克（约半盒）。

调味料

味噌15克（约1大匙）。

做法

1. 海带芽泡水5分钟，洗净沥干，备用。
2. 白萝卜削去厚皮切丁，香菇切丁，芹菜切末，嫩豆腐切丁，备用。
3. 冷水中放入白萝卜丁，煮至略微透明后加入香菇丁，接着加入海带芽、豆腐丁。
4. 味噌加开水拌匀后倒入锅中轻轻搅拌，最后放入芹菜末即可。

♥ 温馨提示

· 味噌汤是非常方便的汤品，可以加入菇类或蔬菜等食材增加丰富性，也可以加入面条变身为味噌拉面。
· 味噌加热过久，香味会流失，只剩咸味，请于烹调最后阶段再加入。

营养分析

热量（大卡）	286.4
糖类（克）	44.2
蛋白质（克）	11.7
脂肪（克）	11.0
钠（毫克）	476.0
铁（毫克）	4.2

含铁质食材：鹰嘴豆、生豆皮
分量：1人份

02

迷迭香鹰嘴豆佐饭

食材

鹰嘴豆20克、番茄50克、杏鲍菇10克、番茄汁50毫升、无糖豆浆15毫升、生豆皮30克（1片）、油菜10克、植物油7.5毫升（$\frac{1}{2}$大匙）、水150毫升、白米饭50克（$\frac{1}{4}$碗多）。

调味料

砂糖5克（1小匙）、盐1克（$\frac{1}{4}$小匙）、适量迷迭香。

做法

1.煮水，沸腾后加入鹰嘴豆煮约30分钟，备用。

2.番茄、杏鲍菇洗净后切小块，生豆皮切条状，油菜洗净切小段。

3.炒锅中加入植物油，放入切小块的杏鲍菇快炒至金黄色，接着加入番茄块，炒熟。油菜烫熟备用。

4.汤锅放入番茄汁、无糖豆浆、糖、盐及水，烹煮至糖溶化。

5.接着加入鹰嘴豆、杏鲍菇、番茄与生豆皮煮约5分钟。

6.盛装白米饭，加上做法5食材及油菜，撒上适量迷迭香即可。

♥ **温馨提示**

· 鹰嘴豆适合制作汤品料理、色拉、蘸酱或抹酱等，料理变化性高。

· 鹰嘴豆于烹调的前一晚加水浸泡，并放置于冰箱，可以减少烹调时间并让食物有更好的味道与口感；可以一次煮多一些，然后放在冰箱冷冻保存，要吃的时候，取出复热即可。

· 白米饭亦可用更富营养的糙米饭或五谷饭代替，视个人喜好而定。

营养师小叮咛

· 关于饭量，2～3岁幼儿为$\frac{1}{4}$碗，4～6岁幼儿为半碗。另外，对于4～6岁幼儿，生豆皮改为45克（$1\frac{1}{2}$片）。

Part
4

食谱 2
高铁

（2～3岁）

03

（无油）

番茄米豆饭套餐

营养师小叮咛

- 米豆营养成分丰富，含易消化、易吸收的蛋白质，其铁质、钙质等含量高，可煮饭、煮粥或与其他食材一起炖煮等，是应用性高的食材。
- 番茄米豆饭食用量，2～3岁幼儿为半碗，4～6岁幼儿为八分满。对于4～6岁幼儿，豆腐泥拌小松菜中生豆皮改为40克，小松菜改为80克。

Good 营养分析	
热量（大卡）	334.1
糖类（克）	34.8
蛋白质（克）	16.1
脂肪（克）	16.5
钠（毫克）	431.0
铁（毫克）	4.3

含铁质食材：米豆、生豆皮、小松菜、黑芝麻

番茄米豆饭（无油） | 分量：5 碗 |

食材

胚芽米 280 克（约 2 杯）、米豆 120 克（约 1 杯）、番茄约 120 ~ 150 克（1 颗）、黑芝麻 12 克（约 2 大匙）。

做法

1. 用刀在番茄底部画"十"字，浸泡于沸水约 2 分钟后捞起，置于冷水中去除表皮。
2. 将番茄、米豆、黑芝麻与胚芽米放入电锅烹煮（水量为电锅刻度 3，或视个人口感喜好在 3 ~ 3.5 杯水范围内选择）。若无电锅，也可用普通电饭煲来煮，水量可依个人喜好自行选择。

❤ 温馨提示

- 米豆于烹调的前一晚加水浸泡，然后放置于冰箱，可以减少烹调时间，并让食物有更好的味道与口感。
- 底部切十字的杏鲍菇容易入味，可以一次煮多一些，然后放入冰箱冷冻保存，要吃时，取出复热即可。

味噌杏鲍菇（无油）
| 分量：1 人份 |

食材

杏鲍菇 20 克、水 200 毫升。

调味料

姜蔗糖 10 克。

做法

1. 杏鲍菇切圆片，底部切十字刀，放入沸水中氽烫。
2. 姜蔗糖与 100 毫升冷水混合，开小火，让糖溶化并煮到起泡。
3. 约 3 分钟后，用木汤匙搅拌，慢慢倒入 100 毫升热水，再放入杏鲍菇。
4. 用小火煮至糖汁收干。

豆腐泥拌小松菜 | 分量：1 人份 |

食材

小松菜（日本油菜）40 克、传统豆腐 20 克（约 5.5 厘米×3 厘米×1.5 厘米大小）、生豆皮 25 克（近 1 片）、芝麻油 5 克（1 小匙）、水 100 毫升。

调味料

酱油 15 毫升（1 大匙）、味醂 15 毫升（1 大匙）。

做法

1. 小松菜洗净、切小段，生豆皮切条状。
2. 分别将小松菜与豆腐放入沸水中烫熟。
3. 生豆皮加入味醂、酱油和水 100 毫升，小火卤 7 分钟入味。
4. 豆腐压出多余水分，捣成泥，拌入芝麻油。
5. 将小松菜、豆皮与豆腐泥拌在一起即可。

食谱2
高铁

（2～3岁）

04

昆布什蔬拌饭

Good 营养分析	
热量（大卡）	256.9
糖类（克）	33.3
蛋白质（克）	14.0
脂肪（克）	8.7
钠（毫克）	451.0
铁（毫克）	3.0

营养师小叮咛

· 关于饭量，2～3岁幼儿为半碗，4～6岁幼儿为八分满。另外，对于4～6岁幼儿，蔬菜豆皮汤中生豆皮改为45克（或干豆皮15克）。

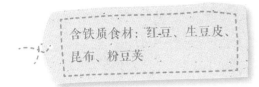
含铁质食材：红豆、生豆皮、昆布、粉豆荚

昆布什蔬拌饭（含油较多） | 分量：5 碗 |

食材

1. 胚芽米 280 克（2 杯）、薏仁 60 克（半杯）、红豆 60 克（半杯）。
2. 粉豆荚 30 克（约 3 根）、秋葵 50 克（约 4 根）、鸿喜菇（蟹味菇）125 克、胡萝卜 20 克、干昆布 5 克、植物油 30 毫升（2 大匙）、水 500～800 毫升。

调味料

日式酱油 30 毫升（2 大匙）、味醂 15 毫升（1 大匙）。

做法

1. 电饭煲中加入适量水，将洗净的胚芽米和浸泡后的红豆、薏仁煮熟。
2. 昆布放入 500～800 毫升的水中，用中火煮开，再转小火煮 5 分钟，取出切丝。
3. 粉豆荚、秋葵及胡萝卜洗净；粉豆荚切小段，秋葵切圆片，胡萝卜切丁（或切厚片压花及其他可爱图案）。
4. 炒锅加入植物油，放入胡萝卜丁、鸿喜菇（蟹味菇）炒香；加入昆布、粉豆荚，用小火拌炒；加入日式酱油、味醂调味；最后加入秋葵拌炒；取 $\frac{1}{6}$ 的量与半碗饭，拌匀即可。

蔬菜豆皮汤（无油） | 分量：1 人份 |

食材

生豆皮 30 克（1 片）、圆白菜 15 克、新鲜木耳 5 克、昆布高汤 250 毫升（制作昆布什蔬拌饭的昆布汤）。

调味料

盐 0.5 克。

做法

圆白菜洗净沥干后切小片；木耳洗净切小片；生豆皮切条状；放入昆布汤中煮熟，加入调味料即可。

♥ **温馨提示**

- 红豆、薏仁于烹调的前一晚加水浸泡，然后放置于冰箱，可以减少烹调时间并让食物有更好的味道与口感。
- 昆布于晒干的过程中会渗出白色粉状的"甘露醇"，使用前只需用湿布轻轻擦拭即可，不必刻意去除，以免鲜甜味流失。
- 煮好的昆布汤装入保鲜盒里，然后放入冰箱冷藏，约可保存一周。

♥ **温馨提示**

- 豆皮有生豆皮与干豆皮之分。选用健康非油炸的干豆皮，烹煮后会呈现细致口感并散发天然豆香味，是方便又美味的食材，家中可以常备。干豆皮使用量为 10 克。

食谱 2
高铁

（2～3岁）

05

红扁豆
燕麦饭套餐

营养师小叮咛

· 红扁豆富含维生素B
族、维生素C、铁等，
可缓解眼部疲劳，对
伤口有消炎的作用。

· 关于饭量，2～3岁幼
儿为半碗，4～6岁
幼儿为八分满。另外，
4～6岁幼儿，米豆豆
皮煮中牛蒡改为20克，
生豆皮改为45克。

· 香椿酱可以增加蔬菜
风味。因其具特殊香
气与风味，如果幼儿
接受度不高，也可以
改为清炒蔬菜。

营养分析	
热量（大卡）	282.5
糖类（克）	35.7
蛋白质（克）	13.6
脂肪（克）	10.6
钠（毫克）	455.0
铁（毫克）	3.3

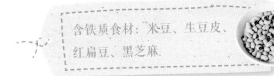

含铁质食材：米豆、生豆皮、红扁豆、黑芝麻。

红扁豆燕麦饭（无油） | 分量：2.5 碗 |

食材

白米 140 克（约 1 杯）、红扁豆 20 克（约 $1/8$ 杯）、麦片 10 克、红藜麦 3 克、黑芝麻 5 克（约 1 大匙）、水适量。

做法

1. 白米、红扁豆、红藜麦洗净。
2. 电饭煲加适量水，放入白米、红扁豆、红藜麦、麦片、黑芝麻煮熟。

❤ 温馨提示

· 牛蒡皮很薄，利用刀背即可刮除。牛蒡切开后容易氧化变黑，需要立刻泡水。

· 可以将牛蒡煮熟后装入保鲜盒内，再放入冰箱冷冻保存，如此不但能延长保存期限，烹调时也只需解冻即可使用，非常快速方便。

· 白米饭可由更富营养的糙米代替，视个人喜好而定。

米豆豆皮煮 | 分量：1 人份 |

食材

牛蒡 10 克、生豆皮 30 克（1 片）、胡萝卜 5 克、米豆 5 克、昆布高汤 200 毫升、植物油 5 毫升（1 小匙）。

调味料

盐 1 克（$1/4$ 小匙）、酱油 5 毫升（1 小匙）、味醂 5 毫升（1 小匙）、砂糖 2 克（约 $1/2$ 小匙）。

做法

1. 泡水 2 小时的米豆，用沸水煮软备用。
2. 牛蒡洗净去皮切丝，胡萝卜洗净切丝，豆皮切小条。
3. 炒锅加入植物油，放做法 2 食材拌炒。
4. 放入米豆，加入昆布高汤、调味料，用小火焖煮10 分钟。

香椿油菜（无油）

| 分量：1 人份 |

食材

油菜 30 克。

调味料

香椿酱 2.5 克（约 $1/2$ 小匙）。

做法

1. 油菜洗净切小段，放入沸水中煮熟后捞起。
2. 加入香椿酱拌匀。

Good 营养分析	
热量（大卡）	299.0
糖类（克）	39.9
蛋白质（克）	13.2
脂肪（克）	8.1
钠（毫克）	937.0
Omega-3（毫克）	1438.0

含DHA食材：紫苏籽油（或亚麻籽）、芥花油

分量：1人份

食谱 3
高Omega-3
脂肪酸
（2～3岁）

01

日式煨乌龙面

食材

1. 乌龙面 105 克、豆皮 30 克（1 片）、四季豆 15 克、小黄瓜 15 克、鸿禧菇（蟹味菇）40 克、芥花油 3.5 克、紫苏籽油 2 克（或亚麻籽 1 小把）、海苔丝适量、水 50 ～ 100 毫升。
2. 山药胡萝卜酱汁：山药 20 克、胡萝卜 30 克、水 100 毫升。

调味料

酱油 $1/2$ 茶匙、盐适量。

做法

1. 制作山药胡萝卜酱汁：山药洗净去皮切块，胡萝卜洗净切块，放入果汁机（食物料理机），加水 100 毫升打成汁备用。
2. 豆皮切丝，四季豆洗净切小段，小黄瓜洗净切丝，鸿禧菇（蟹味菇）切除蒂头。
3. 炒锅中加入芥花油，再加入豆皮丝、四季豆小段、小黄瓜丝及鸿禧菇（蟹味菇）炒香，加入酱油、盐拌炒，再加入乌龙面。
4. 将山药胡萝卜酱汁倒入，加水 50 ～ 100 毫升一同煨煮。
5. 将面煮至适口软硬度并调味后即可起锅，待凉后撒上海苔丝、淋上紫苏籽油（或撒 1 小把亚麻籽）即可。

营养师小叮咛

- 若作为午晚餐，餐后可搭配食用一个拳头大小的当季水果，作为一份水果补充。
- 4 ～ 6 岁幼儿，午餐中全谷杂粮类需增加为 3 份，乌龙面量应增加为 160 克（1.5 碗）。另外，4 ～ 6 岁幼儿，午餐中豆制品需增加为 1.5 份，建议豆皮可增至 45 克（$1 1/2$ 片）。

♥ **温馨提示**

- "煨"是指将食材放进煮沸的汤中以中火慢慢煮熟，目的是令食材煮软并吸收汤汁中的精华！这是要很有耐心也很重要的一个步骤哦！

营养分析

热量（大卡）	315.0
糖类（克）	43.0
蛋白质（克）	10.2
脂肪（克）	8.9
钠（毫克）	515.0
Omega-3（毫克）	1706.0

含DHA食材：芥花油、紫苏籽油（或亚麻籽）

分量：1人份

食谱3
高Omega-3
脂肪酸
（2～3岁）

02

豆腐菇菇烩饭

食材

紫米饭80克、传统豆腐80克、红椒20克、鸿禧菇（蟹味菇）40克、青江菜（上海青）20克、黑木耳20克、芥花油3克、紫苏籽油2克（或1小把亚麻籽）、水100毫升。

调味料

1. 酱油10毫升、味酥10毫升。
2. 勾芡水：玉米粉2克、水40毫升。

做法

1. 传统豆腐洗净切小丁。
2. 红椒洗净切丁，青江菜（上海青）洗净切丝，黑木耳洗净切丝，鸿禧菇（蟹味菇）切除蒂头。
3. 于锅中涂上少许芥花油，放入豆腐丁煎至上色，再加入做法2食材拌炒，加调味料1和水煨煮入味。
4. 煮至接近收汁时，将勾芡水倒入做法3食材中，待汤汁收到稠状后适量调味即可。
5. 最后淋上2克紫苏籽油（或撒1小把亚麻籽），配上紫米饭即可。

 营养师小叮咛

· 若作为午晚餐，餐后可搭配食用一个拳头大小的当季水果，作为一份水果补充。

· 关于饭量，2～3岁幼儿为半碗，4～6岁幼儿为八分满。另外，4～6岁幼儿，午餐豆制品需增加为1.5份，建议传统豆腐可改为120克。

♥ 温馨提示

· 勾芡的玉米粉可先用少量水化开后再加入料理，直接倒入料理中会结块哦！

Good 营养分析	
热量（大卡）	298.0
糖类（克）	36.9
蛋白质（克）	13.3
脂肪（克）	11.4
钠（毫克）	457.0
Omega-3（毫克）	993.0

含DHA食材：芥花油、核桃
分量：1人份

食谱3
高Omega-3
脂肪酸
（2～3岁）

03

香煎米汉堡

食材

1. 米汉堡：糙米饭 80 克、核桃 7 克（2 颗）。
2. 罗马生菜 10 克、小黄瓜片 20 克、番茄 20 克、杏鲍菇或蘑菇 40 克、豆皮 30 克（1 片）、芥花油 8 克。

调味料

酱油 2 克。

做法

1. 制作米汉堡：核桃稍微烤后切碎。米饭煮熟放凉后加入核桃细碎，用油纸或烘焙纸包覆揉至有黏性，抓适量大小分成两份，揉成圆球状后，放入碗中压平，做成米汉堡造型。
2. 于锅中涂上少许芥花油，于米汉堡两面涂上适量酱油，煎至上色，即为米汉堡皮。
3. 豆皮及菇类加少许芥花油、酱油煎熟，罗马生菜洗净切小片，小黄瓜洗净切片，番茄洗净切片。
4. 将米汉堡夹上做法 3 食材即完成。

营养师小叮咛

- 作为午晚餐，餐后可搭配食用一个拳头大小的当季水果，作为一份水果补充。

- 关于饭量，2～3岁幼儿为半碗，4～6岁幼儿为八分满。另外，4～6岁幼儿，午餐豆制品需增加为 1.5 份，建议另补充一杯 190克左右的无糖豆浆。

- 若为 4～6 岁幼儿的午晚餐，可将一份当餐水果及无糖豆浆用果汁机搅打，即为天然好喝的果昔！

💜 温馨提示

- 核桃不易切时可用刀背轻敲。
- 米汉堡料理简单方便，可冷冻保存，但食用前务必充分加热杀菌。
- 生菜叶若较大，不好夹入汉堡内，可氽烫以减小体积。

食谱 3
高 Omega-3
脂肪酸
（2～3岁）

04

元气寿司套餐

营养师小叮咛

· 若作为午晚餐，餐后
可搭配食用一个拳头
大小的当季水果，作
为一份水果补充。

· 关于饭量，2～3岁
幼儿为半碗，4～6
岁幼儿为八分满。
4～6岁幼儿，午餐
豆制品需增加为 1.5
份，豆皮可改为 1 片，
约 30 克。

Good 营养分析	
热量（大卡）	264.0
糖类（克）	37.8
蛋白质（克）	11.2
脂肪（克）	8.6
钠（毫克）	681.0
Omega-3（毫克）	1736.0

含DHA食材：芥花油、
紫苏籽油（或亚麻籽）

DIY 元气寿司 | 分量：1人份 |

食材

糙米饭 80 克、胡萝卜 30 克、黑木耳 30 克、小黄瓜 30 克、生豆皮 15 克（约半片）、海苔片 3 克（1 片）、芥花油 2 克。

调味料

酱油 $1/4$ 小匙。

做法

1. 胡萝卜、黑木耳、小黄瓜洗净，切成细丝或末。
2. 于锅中涂少许芥花油，小火干煎豆皮至熟后切丝，加入蔬菜丝及少许酱油后一起拌炒。
3. 将保鲜膜铺平，上面放置 1 片海苔，将饭平铺于海苔上，上下各留 1 厘米间距。
4. 于饭上一层层铺上蔬菜丝及豆皮丝，用保鲜膜将寿司卷起。
5. 连同保鲜膜一起切片，食用时剥掉保鲜膜即可。

♥ 温馨提示

· 蔬菜类的胡萝卜与小黄瓜生食或炒熟皆可，生食要室温下 2 小时内食用完毕，冷藏则 2 天内尽快吃完。

· 寿司料理适合野餐食用。若有需要，可于饭中拌少许醋增加风味，以及延长食物保存时间，但不建议隔餐食用。

海味海带芽豆腐汤 | 分量：1人份 |

食材

嫩豆腐 40 克、海带芽 1 克、紫苏籽油 3 克或 1 小把亚麻籽、水适量。

调味料

海盐 1 克。

做法

1. 豆腐切小块，海带芽稍清洗。
2. 取一锅，加入适量水，水沸后加入豆腐及海带芽。
3. 再一次煮沸后撒上少许海盐调味，起锅后待汤温度稍降，淋上紫苏籽油（或撒 1 小把亚麻籽）即可。

食谱3
高Omega-3
脂肪酸
(2～3岁)

05

日式全家福
暖心套餐

营养师小叮咛

· 午晚餐后可补充一份水果（一个拳头大小），作为天然维生素及矿物质的补充。

· 关于食量，4～6岁幼儿，午餐中全谷杂粮类需增加为3份，冬粉量应增加为30克（七分满）。豆制品需增加为1.5份，可将南瓜浓汤的水改为190克无糖豆浆拌煮。

· 此套餐适合全家大小一同食用，等比例放大1.5～2倍，成人食用也非常美味哦！

Good 营养分析	
热量（大卡）	286.0
糖类（克）	41.4
蛋白质（克）	10.2
脂肪（克）	7.7
钠（毫克）	907.0
Omega-3（毫克）	1597.0

含DHA食材：紫苏籽油（或亚麻籽）、芥花油

南瓜浓汤 | 分量：1人份 |

食材

南瓜 70 克、马铃薯 20 克、蘑菇 15 克、水 120 毫升、紫苏籽油 2 克（或 1 小把亚麻籽）。

调味料

盐少许。

做法

1. 蘑菇稍冲洗后切片。南瓜洗净，连皮、子、囊切块；马铃薯洗净，连皮切丁；将南瓜及马铃薯放入锅中蒸熟。

2. 取一平底锅，小火不加油，煎香蘑菇片。

3. 将蒸熟的南瓜与马铃薯加 120 毫升的水，用果汁机（食物料理机）打碎。

4. 将南瓜马铃薯浓汤倒入锅中搅拌，再加入蘑菇片及少许盐煮沸，最后淋上紫苏籽油（或撒 1 小把亚麻籽）即可。

❤ **温馨提示**

· 制作南瓜浓汤，将食材蒸熟炒香后，可使用果汁机或食物调理机（调理棒）将食物拌匀。

· 南瓜浓汤可分装放入冰箱冷冻保存 1～2 周，食用时解冻加热即可。

番茄炒豆腐 | 分量：1人份 |

食材

番茄 35 克、嫩豆腐 140 克、四季豆 5 克、芥花油 2 克。

调味料

盐 1/2 茶匙。

做法

1. 番茄洗净切丁，四季豆洗净切末，嫩豆腐切丁。

2. 锅中加入芥花油，加入番茄炒至软烂，再加入豆腐丁煨煮一下。

3. 撒上少量四季豆末拌炒配色，再加入盐调味即可。

炒冬粉 | 分量：1人份 |

食材

黑木耳 20 克、胡萝卜 20 克、四季豆 5 克、干冬粉 20 克、芥花油 2 克、水 100 毫升。

调味料

酱油 1/2 茶匙。

做法

1. 黑木耳、胡萝卜、四季豆洗净切丝。温水泡冬粉，待泡软后剪短备用。

2. 于锅中倒入芥花油，依序放入黑木耳、胡萝卜、四季豆拌炒，再放入冬粉拌抄。

3. 加入酱油及水，加盖焖煮 3～5 分钟至软即可。

Good　营养分析

热量（大卡）	258.6
糖类（克）	36.6
蛋白质（克）	11.5
脂肪（克）	7.9
钠（毫克）	21.0
叶黄素＆玉米黄质（毫克）	0.7

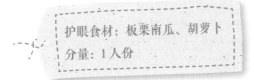

护眼食材：板栗南瓜、胡萝卜

分量：1人份

食谱4
保护眼睛
（2～3岁）

01

五彩香菇粥

食材

糙米白米饭 60 克、板栗南瓜 42.5 克、生豆皮 15 克（约半片）、毛豆仁 25 克（约 30 颗）、胡萝卜 20 克、玉米笋 10 克（约 1 条）、香菇 20 克（约大朵的 ¾ 朵）、花生油 5 克、水 350 毫升。

调味料

盐少许。

做法

1. 所有食材洗净备用。
2. 半杯白米加上半杯糙米，混合后洗净，加入适量水，用电饭煲煮熟成饭。
3. 生豆皮、胡萝卜、玉米笋、香菇、板栗南瓜皆切小丁备用。
4. 用沸水汆烫煮软胡萝卜丁、玉米笋丁、毛豆仁、板栗南瓜丁。
5. 用花生油炒香生豆皮、香菇丁，后续放入已煮软的胡萝卜丁、玉米笋丁、毛豆仁、板栗南瓜丁，再加入 350 毫升的水。
6. 将煮好后的糙米白米饭取出 60 克，加入做法 5 食材，大火煮沸后转小火，约煮 20 分钟，加入调味料后起锅装碗即可。

♥ **温馨提示** ⸱⸱⸱⸱⸱⸱⸱⸱⸱⸱⸱⸱⸱⸱⸱⸱⸱⸱⸱⸱⸱⸱⸱⸱⸱⸱⸱⸱

· 稀饭的部分，可以选用白米加糙米直接熬煮，口感会更细致。但记得要用小火，且要不定时稍搅拌，否则底部的粥容易煮焦。
· 水可以昆布或蔬菜（如圆白菜、胡萝卜）熬煮成的高汤取代，更好吃。

营养师小叮咛

· 4～6岁幼儿，早餐全谷杂粮类需增加为 3 份，可加入玉米粒 85 克。玉米粒除了为全谷杂粮类外，也是富含叶黄素的食物（每 100 克含有 1 毫克叶黄素）。豆制品需增加为 1.5 份，建议可增加生豆皮 30 克。

· 许多孩子早上起床后，食欲不佳，不太吃得下固体食物，因此，可以选择粥品，让孩子容易吞食。

Good	营养分析	
热量（大卡）		349.3
糖类（克）		57.6
蛋白质（克）		14.6
脂肪（克）		8.4
钠（毫克）		264.0
叶黄素&玉米黄质（毫克）		7.4

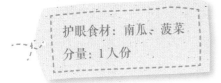

护眼食材：南瓜、菠菜

分量：1人份

02

（可无油）

五彩素云吞

食材

云吞皮 10 片、南瓜 42.5 克、菠菜 55 克、干香菇 1 朵、生豆皮 30 克（1 片）、葵花油 5 克（可选）、香蕉 70 克（半根）。

调味料

盐少许。

做法

1.南瓜洗净削皮切小丁，用沸水煮 3 分钟，取出，压成泥备用。

2.菠菜洗净剁碎后，加入少许盐，放置 10 分钟，用开水冲洗，再用汤匙稍微将水分挤压出，备用。

3.干香菇泡软后，去蒂头，切小丁。生豆皮洗净后切小丁。

4.于锅中加入葵花油，放入香菇丁、生豆皮丁，炒约 3 分钟，加入少许盐调味，待炒香后取出，放凉备用。

5.将所有材料放入锅中拌匀后，分为 10 等份，包入云吞皮中。

6.煮一锅水，水沸后，把包好的云吞放入约煮 3 分钟，即可起锅，搭配附餐水果香蕉食用。

♥ **温馨提示** --------------------------

· 也可以用马铃薯、莲藕、地瓜、山药或鹰嘴豆等杂粮类食物取代南瓜，但是要压成泥状，并增加其他内馅食材黏稠度，以利于塑形。

· 无油做法：可直接将香菇及生豆皮加入其他食材中拌匀，但建议在云吞中包入捣碎的坚果（如松子 7 克或腰果 11 克或核桃 7 克或黑芝麻 9 克），即可补足 1 份油脂。

营养师小叮咛

· 4～6 岁幼儿，午晚餐全谷杂粮类需增加为 3 份，可加入面线 25 克和面条 20 克（煮熟后约半碗）。豆制品需增加为 1.5 份，建议制作烫毛豆荚 45 克作为另一道配菜。蔬菜需增加为 1 份，故建议于云吞面线汤或云吞汤面中加入蔬菜 50 克，特别建议烫地瓜叶（每 100 克含有 2.6 毫克叶黄素）、烫西兰花（每 100 克含有 1.4 毫克叶黄素）。

营养分析	
热量（大卡）	329.5
糖类（克）	54.5
蛋白质（克）	10.9
脂肪（克）	9.1
钠（毫克）	51.0
叶黄素&玉米黄质（毫克）	0.3

护眼食材：胡萝卜、西兰花、木瓜

分量：1人份

03

豆腐炖饭

食材

白米饭80克（约半碗）、传统豆腐40克或嫩豆腐70克（约 $\frac{1}{4}$ 盒）、胡萝卜30克、鸿喜菇（蟹味菇）10克、西兰花10克、无糖豆浆95毫升、苹果62.5克、木瓜75克、花生油5克。

调味料

盐少许。

做法

1. 豆腐切小块，入锅，用少许油煎至两面黄，起锅备用（嫩豆腐可先入盐水汆烫，较易入味，也较不会破）。
2. 苹果洗净削皮切小块，放入盐水稍微浸泡5分钟，取出备用。
3. 西兰花洗净切小末，烫熟；胡萝卜削皮切末；鸿喜菇（蟹味菇）洗净切小丁。
4. 于锅中倒入少许油，放入鸿喜菇（蟹味菇）、胡萝卜炒香。
5. 加入豆浆、80克白米饭、做法1及做法2食材、盐，汤汁煮沸后，转小火炖煮5～10分钟，待汤汁收干，即可起锅。
6. 起锅后，将烫熟的西兰花末撒于上方即可食用。
7. 木瓜削皮去籽，切小块，作为附餐水果。

营养师小叮咛

- 4～6岁幼儿，午餐全谷杂粮类需增加为3份，可再加入蒸熟的南瓜丁85克。南瓜是富含叶黄素的食物（每100克含有1.5毫克叶黄素）。豆制品需增加为1.5份，建议豆腐量：嫩豆腐由70克增加为140克（约 $\frac{1}{2}$ 盒），或传统豆腐由40克增加为80克。蔬菜需增加为1份，建议将西兰花由10克增加为67.5克（每100克含有1.4毫克叶黄素）。

♥ 温馨提示

- 若孩子不喜欢胡萝卜的味道，可先用水烫熟后再炒，以减少胡萝卜的生味。
- 建议选用白米饭制作。糙米或白米糙米混合的炖煮饭，口感较硬，且会增加炖煮时间。
- 炖煮时，需以小火炖煮，以避免烧焦，同时可让豆浆完全吸入饭内。

食谱 4
保护眼睛
（2～3岁）

04

爱心便当套餐

营养师小叮咛

· 4～6岁幼儿，午晚餐全
谷杂粮类需增加为 3 份，
建议增加 40 克的白米饭
（约 1/4 碗）。豆制品需增
加为 1.5 份，建议将嫩豆
腐由 35 克增加为 105 克。
蔬菜需增加为 1 份，建
议将菠菜由 22 克增加为
77 克（每 100 克生菠菜
含有 12.2 毫克叶黄素）。
若因季节限制，也可选用
地瓜叶取代菠菜（每 100
克熟地瓜叶含有 2.6 毫克
叶黄素）。

Good 营养分析	
热量（大卡）	256.8
糖类（克）	38.9
蛋白质（克）	10.7
脂肪（克）	6.8
钠（毫克）	48.0
叶黄素＆玉米黄质（毫克）	2.7

护眼食材：胡萝卜、菠菜

芝麻饭（无油） | 分量：1 人份 |

食材

白米饭 80 克（约半碗）、黑芝麻 1 克。

做法

1.将 1 克的黑芝麻倒入 80 克的白米饭中，拌匀。

2.将拌匀的黑芝麻饭分为 3～4 等份，搓成圆球状
   或用可爱的模型压出不同形状。

双色蒸豆腐（无油） | 分量：1 人份 |

食材

嫩豆腐 35 克、胡萝卜 16 克。

调味料

盐少许。

做法

1. 胡萝卜洗净削皮，切成末，放入蒸锅中蒸熟（约需 20 分钟），加入少许盐调味，压成泥，备用。

2. 嫩豆腐依建议量取出洗净后，加盐调味，压成泥状。将压碎的豆腐放置于模型中或放置于耐热的小碗或小杯子中，用汤匙压平、压均匀，不可以有空隙。

3. 将胡萝卜泥放置于压平的豆腐泥上，同样用汤匙压平、压均匀。

4. 将做法 3 食材放入蒸锅蒸熟（约需 10 分钟）。

5. 蒸好后取出，放凉，再用刀子依模型边缘处稍微划开，将双色蒸豆腐倒扣取出。可在模型边缘先抹上薄薄的一层油，以方便双色蒸豆腐蒸熟后脱模。

温馨提示

· 胡萝卜建议用少许盐调味，以去除胡萝卜的特殊气味；豆腐则不一定要调味。若要增加食材变化及全谷杂粮类的量，可于胡萝卜泥上再增加一层等量紫地瓜泥，让口感更丰富。

· 面肠的口感较韧，且不易入味，故需加入少许酱油及水进行调味，使面肠口感柔软，让孩子易入口。

· 可以将菠菜切小段，同时煮软一点，以让孩子愿意咀嚼。

· 白米饭也可换用糙米饭或五谷饭，视个人喜好而定。

酱烧面肠菇 | 分量：1 人份 |

食材

面肠 26.3 克（约 $\frac{1}{3}$ 条）、香菇 10 克（约 $\frac{1}{2}$ 大朵）、葵花油 4.5 克、水 $\frac{1}{8}$ 杯。

调味料

酱油少许。

做法

1. 面肠洗净切小块。香菇去蒂洗净切小丁。

2. 锅子烧热后，倒入油，放入香菇丁炒约 1 分钟，再加入面肠一起拌炒约 2 分钟。

3. 加入少许酱油及 $\frac{1}{8}$ 杯水后转小火熬煮，翻炒 3 ~ 5 分钟（避免烧焦），待酱汁收干后即可。

烫菠菜（无油）

| 分量：1 人份 |

食材

菠菜 22 克。

调味料

盐少许。

做法

1. 菠菜洗净切小段。

2. 水煮沸后，将菠菜放入水中煮 3 ~ 5 分钟。

3. 取出煮熟后的菠菜，再加少许盐调味即可。

食谱 4
保护眼睛
（2～3岁）

05

番茄卷面套餐

营养师小叮咛

· 4～6岁幼儿，午晚餐全谷杂粮类需增加为3份，建议于香苹薯泥沙拉中加入85克的玉米粒（每100克含有1毫克叶黄素）。豆制品需增加为1.5份，故将生豆皮增加为45克。蔬菜则需增加为1份，建议西兰花（每100克含有1.4毫克叶黄素）增加为58克，同时将香苹薯泥沙拉中的胡萝卜增加为30克（每100克含3毫克β胡萝卜素及0.67毫克叶黄素）。

营养分析	
热量（大卡）	324.8
糖类（克）	47.3
蛋白质（克）	15.9
脂肪（克）	10.9
钠（毫克）	48.0
叶黄素&玉米黄质（毫克）	0.5

番茄意大利面 | 分量：1 人份 |

食材

通心面 30 克、小番茄 110 克、西兰花 30 克、橄榄油 5 克、水 60 毫升（1/4 杯）。

调味料

盐少许、黑胡椒少许。

做法

1. 水沸后，放入通心面煮 6 ~ 7 分钟至软硬适中。
2. 西兰花洗净切小朵，汆烫过后放进饮用水中冷却。
3. 小番茄去蒂头洗净，用沸水煮约 1 分钟，待皮裂开后即可取出放凉去皮，切小丁。
4. 锅子烧热后，倒入橄榄油，加入西兰花及小番茄丁拌炒，再加入 1/4 杯的水。
5. 西兰花小番茄汁用小火炒香后，再倒入已煮熟的通心面，稍微拌炒至汤汁被通心面吸干后，加入少许盐、黑胡椒拌匀即可。

护眼食材：西兰花、胡萝卜

💙 **温馨提示**

· 可依孩子的喜好选择管状通心面、贝壳面或其他可爱造型的意大利面。

· 若小朋友不喜欢吃小番茄，可使用食物调理机打碎，让小朋友看不到小番茄。

· 若想增加食材的色彩，可将香苹薯泥沙拉的食材量减半，另一半制作地瓜葡萄色拉：将紫地瓜 22.5 克蒸熟后捣碎成泥，加入小黄瓜丁 6.5 克，葡萄干 5 克拌匀即可。

· 4 ~ 6 岁的孩子，为增加蔬菜种类，可于豆皮卷中卷入蔬菜，如 50 克条状的四季豆或芦笋、甜椒条等。

香苹薯泥沙拉（无油）
| 分量：1 人份 |

食材

马铃薯 45 克、小黄瓜 13 克、胡萝卜 10 克、苹果 62.5 克 。

做法

1. 马铃薯洗净去皮切片，胡萝卜洗净去皮切小丁状，一起放入蒸锅蒸熟（约需 20 分钟）。
2. 将马铃薯取出压成泥。
3. 小黄瓜洗净，用热开水清洗一次后，切成小丁状。
4. 苹果洗净去皮，用盐水微泡，再切成丁状。
5. 将小黄瓜、苹果和马铃薯泥、胡萝卜丁拌匀即可。

豆皮卷（无油） | 分量：1 人份 |

食材

生豆皮 30 克（1 片）、海苔片 0.5 片。

调味料

盐少许。

做法

1. 准备好烤盘或烤网备用（卷起来的豆皮卷可直接放上去）。
2. 将生豆皮摊平，内面撒上少许的盐（若海苔有咸味，则不需撒盐）。上面铺一片海苔，稍微用力将豆皮卷起。
3. 将卷好的豆皮卷用锡箔纸包住，放入家用小烤箱，以中火烤 10 ~ 12 分钟。
4. 稍微放凉后切成小块状，即可摆盘食用。

Good 营养分析

热量（大卡）	208.1
糖类（克）	32.5
蛋白质（克）	12.1
脂肪（克）	3.3
钠（毫克）	377.0
维生素B（毫克）	3.9
维生素C（毫克）	34.2
维生素E（毫克）	5.6
叶酸（微克）	60

含维生素B族、维生素C、叶酸食材：豆
浆、红黄椒、海带芽、味噌

分量：1人份

01

豆浆炖饭

食材

白米饭100克（半碗多一点）、无糖豆浆260毫升
（1杯）、红黄椒各25克、海带芽2克、水适量。

调味料

味噌5克（1茶匙）。

做法

1. 红黄椒洗净去籽，切小丁。
2. 海带芽泡开切细碎，味噌和水搅拌均匀，放入锅中烧煮。
3. 锅子烧热后，加入做法1食材拌炒。
4. 倒入豆浆与白米饭，用中火熬煮至汤汁收干即可。

💗 **温馨提示**

· 豆浆煮开后会起浮泡，将浮泡捞净，风味更佳。
· 白米饭会吸收豆浆的水分，因此炖饭成品的体积比较大是正常的。

营养师小叮咛

· 4～6岁幼儿的饭量需要增至八分满，蔬菜增至1碗。
· 黄椒可用玉米粒取代，红椒可用胡萝卜取代；另外白米饭可用五谷饭或胚芽饭取代。
· 海带芽本身含有中量的叶酸（每100克含有29.4微克），可协助免疫细胞的生成，而豆浆本身富含维生素B_1，可促进细胞代谢，因此两者的搭配可让免疫力更上一层楼。

Good 营养分析	
热量（大卡）	268.0
糖类（克）	32.5
蛋白质（克）	12.0
脂肪（克）	10.0
钠（毫克）	379.0
维生素B（毫克）	30.5
维生素C（毫克）	15.1
维生素E（毫克）	13.7
叶酸（微克）	99.3

含维生素B族、维生素C、叶酸食材：干
香菇、冻豆腐、西兰花、老姜、番茄

分量：1人份

食谱 5
提升免疫力
（2～3岁）

02

香菇面线

食材

干香菇10克（3朵）、五谷面线50克、冻豆腐70
克、西兰花15克、老姜10克、番茄15克、水适量、
麻油少许。

调味料

盐少量。

做法

1. 香菇洗净泡软，切小块；第一泡的水倒掉，用第
   二泡的水当汤底。

2. 西兰花洗净切小朵，冻豆腐洗净切块，番茄洗净
   切小块，分别烫熟。面线烫熟。

3. 热油锅，老姜切片，加入麻油炒香。

4. 加入香菇丁，并加入些许香菇水，用中火煮沸，
   加入做法2食材和少量盐即可。

营养师小叮咛

· 4～6岁幼儿的饭量
  需要增至八分满，蔬
  菜增至1碗，豆腐增
  至140克。

· 老姜有祛寒功效，也
  富含维生素C，可预
  防感冒。干香菇富含
  叶酸及维生素B族，
  可协助免疫细胞的制
  造以提升免疫力。

♥ 温馨提示

· 老姜切片后，可轻轻用刀身按压出姜汁，爆香时姜味会
  更容易入味。

· 小孩子如果不喜欢吃姜，可在爆香后将姜片捞起。

Good 营养分析	
热量（大卡）	285.0
糖类（克）	52.5
蛋白质（克）	11.5
脂肪（克）	3.2
钠（毫克）	20.0
维生素B（毫克）	1.4
维生素C（毫克）	52.1
维生素E（毫克）	40.0
叶酸（微克）	40.1

含维生素B族、维生素C、叶酸食材：奇异果（猕猴桃）、苹果、香蕉、豆浆

分量：1人份

食材

1. 彩色卷心面 50 克、奇异果（猕猴桃）35 克（¼ 颗）、苹果 35 克（¼ 颗）。

2. 水果淋酱食材：香蕉 70 克（半根）、无糖豆浆 260 毫升（1 杯）、冰块适量、水适量。

03

（无油）水果凉面

做法

1. 准备汤锅，加水煮沸后，加入卷心面，依包装建议煮至熟软捞起后，放入冰水中冰镇。

2. 奇异果（猕猴桃）、苹果洗净削皮切小块后，分别放入碗中。

3. 制作水果淋酱：香蕉剥去外皮切块，与豆浆、冰块、水一起放入果汁机（或食物料理机）搅打即可。

4. 将卷心面和水果淋酱拌匀，最后撒上奇异果（猕猴桃）及苹果块即可。

 营养师小叮咛

· 4 ～ 6 岁幼儿的面量需要增至 1 碗。水果酱本身是香蕉豆奶，可以直接饮用，建议孩子要全部喝完，营养才够。

· 此道料理含有大量维生素C和维生素E，两者都是有助于免疫球蛋白合成的重要营养素，可提升免疫力及预防感冒。加入豆浆的水果淋酱也有丰富的蛋白质和叶酸（每 100 克含有 13 微克），可帮助免疫球蛋白的合成。另外，微微的甜味可以促进食欲。

♥ 温馨提示

· 凉面料理非常适合在夏季食用，可提升孩子的胃口。可将切好的苹果块泡入盐水中，以预防变色。

· 果汁机搅打的水果淋酱若浮沫太多，可以捞掉一些，但不要用筛网滤渣。水果可选择当季盛产的替换，并挤入些许柠檬汁增加风味。

· 香蕉本身就有甜味，不需额外加糖。

Good 营养分析	
热量（大卡）	286.0
糖类（克）	44.0
蛋白质（克）	5.0
脂肪（克）	10.0
钠（毫克）	407.0
维生素B（毫克）	8.0
维生素C（毫克）	19.0
维生素E（毫克）	3.0
叶酸（微克）	94.0

含维生素B族、维生素C、叶酸食材：香菇、蘑菇、胡萝卜、圆白菜、番茄、腰果、毛豆仁
分量：1人份

食谱5
提升免疫力
（2~3岁）

04

意式蔬菜汤泡饭

食材

香菇 10 克、胡萝卜 10 克、圆白菜 20 克、蘑菇 10 克、番茄 25 克、腰果 10 克、毛豆仁 25 克、白米饭 100 克（半碗多）、橄榄油 5 克（1 茶匙）、水适量。

调味料

盐 1 克（1 小匙）、月桂叶或罗勒叶少许。

做法

1. 香菇洗净切小块，胡萝卜洗净削皮切小块，圆白菜洗净切小段，蘑菇洗净切片，腰果切碎。

2. 番茄洗净切除蒂头，把中间的果肉挖进碗中，用汤匙碾碎，并保留汤汁。剩下的番茄切小块。

3. 热油锅，加入橄榄油，将做法1食材拌入腰果及毛豆仁混炒，过程中加入做法2的番茄汁及盐一起拌炒，再加入适量的水煮沸。

4. 起锅前撒上一点月桂叶或罗勒叶以增加风味，之后再倒入白米饭内即可。

营养师小叮咛

· 4 ~ 6 岁幼儿的饭量需要增至八分满，蔬菜增至 1 碗。

· 蛋白质来自毛豆，且毛豆富含维生素C（每 100 克含有 23 毫克）。

· 番茄富含维生素C（每 100 克含有 12 毫克）[1]，有助于免疫球蛋白的生成。

· 菇类食物（非香菇）富含叶酸和维生素B族，可协助免疫细胞的生成。

♥ 温馨提示

· 可将番茄内肉的白梗去除，熬煮时更容易把漂亮的红色煮出来，且炒过的番茄中的脂溶性维生素也更容易被人体吸收。

· 白米饭亦可用更富营养的糙米饭或五谷饭代替，视个人喜好而定。

――――――――
[1] 加热时间越久，维生素C流失越多，加热 20 分钟左右会流失 15%~20%，所以烹调时间不宜过长。维生素C是水溶性的，会溶在水里，所以汤泡饭中的维生素C基本上都会吃进去（除非不喝汤）。

营养分析

热量（大卡）	282.0
糖类（克）	41.2
蛋白质（克）	11.4
脂肪（克）	8.0
钠（毫克）	415.0
维生素B（毫克）	33.5
维生素C（毫克）	27.3
维生素E（毫克）	14.0
叶酸（微克）	120.0

含锌食材：芋头、五谷饭、蘑菇、圆白菜、芥花油、扁豆

芋菇炒饭 | 分量：1 人份 |

食材

蘑菇 20 克、芋头 35 克、圆白菜 30 克、五谷饭 70 克（小半碗）、芥花油 ¼ 茶匙。

调味料

盐 ¼ 茶匙。

做法

1. 蘑菇洗净切片。芋头洗净去皮切细丝。圆白菜洗净切细丝。
2. 平底锅内加少许油，放入蘑菇片炒香，再依序加入芋头丝与圆白菜丝拌炒。
3. 加入蒸熟的五谷饭拌炒均匀，再加适量盐调味即可。

❤ **温馨提示**

扁豆是蛋白质含量非常高的豆类，无论煮汤或是和饭一起炒都很好吃！烹煮前，扁豆可以泡 2 ～ 12 小时，会比较软，也好消化吸收！

综合扁豆汤 | 分量：1 人份 |

食材

姜末少许、扁豆 30 克、西兰花 20 克、芥花油 ½ 茶匙、水 500 毫升。

调味料

盐适量、香油适量。

做法

1. 用少许芥花油将姜末与扁豆略炒，加水 100 毫升，小火炒干后再加入 400 毫升的水。
2. 加盖将扁豆煮软约 10 分钟（依个人口感喜好调整烹煮时间）。
3. 加入洗净的小朵西兰花煮 2 分钟。
4. 起锅加入适量盐调味，再淋上香油即可。

营养分析

热量（大卡）	249.0
糖类（克）	39.1
蛋白质（克）	11.2
脂肪（克）	4.6
钠（毫克）	353.0
锌（毫克）	3.6

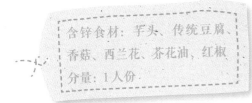

含锌食材：芋头、传统豆腐、
香菇、西兰花、芥花油、红椒
分量：1人份

食谱 7
高锌
（2~3岁）

04

芋香豆腐煲

食材

芋头 110 克、传统豆腐 80 克切小粒、香菇 40 克、西兰花 40 克、红椒 15 克、芥花油 $1/4$ 茶匙、姜末少许、水 100 毫升。

调味料

盐 $1/4$ 匙。

做法

1.芋头洗净削皮，刨成丝。

2.香菇洗净切片。传统豆腐洗净切小粒。西兰花洗净切小朵。红椒洗净切小丁。

3.平底锅内加入芥花油，加入香菇及姜末炒香，放入传统豆腐煎至金黄，再将芋头加入拌炒。

4.加入 100 毫升的水、西兰花、红椒丁，加盖小火焖煮。

5.起锅前撒上盐调味即可。

营养师小叮咛

· 若作为午晚餐，建议餐后可搭配食用一个拳头大小的当季水果，作为一份水果补充。

· 4~6岁幼儿，午餐全谷杂粮类需增加，芋头量应增加为 165 克。此餐分量较多，可一半作为正餐，一半作为下午点心，需注意食物保存卫生。

· 4~6岁幼儿，午餐蛋白质需增加为 1.5 份，豆腐建议可增至 120 克。

💜 **温馨提示** - - - - - - - -

简单又好吃的芋香料理，全家人一起享用更好吃哦！

食谱 7
高锌

(2～3岁)

05

脆丝饭团套餐

营养师小叮咛

· 若作为午晚餐，建议餐
  后可搭配食用一个拳头
  大小的当季水果，作为
  一份水果补充。

· 4～6岁幼儿，午餐全
  谷杂粮类需增加，糙米
  饭应增加为 95 克（半
  碗多）。

· 4～6岁幼儿，午餐豆
  皮丝需增加为 1.5 份，
  分量可增至 45 克。包
  饭团未用完的脆丝可放
  在小碟子作为零食用。

营养分析

热量（大卡）	404.0
糖类（克）	67.5
蛋白质（克）	16.2
脂肪（克）	10.1
钠（毫克）	127.5
锌（毫克）	3.1

含锌食材：芋头、糙米或五谷饭、豆皮、金针菇、核桃、菠菜

脆丝饭团 | 分量：1 人份 |

食材

芋头 15 克、糙米饭或五谷饭 75 克、豆皮 30 克（1 片）、金针菇 20 克、菠菜 20 克、核桃 3 克（1 颗）、海苔片 1 片。

调味料

酱油 1 小茶匙、香油 1/2 小茶匙。

做法

1. 芋头洗净削皮，刨成丝。金针菇去蒂头洗净切段。豆皮洗净切丝。
2. 将做法 1 食材与酱油、香油拌匀；烤箱 250 摄氏度预热 10 分钟，放入烤箱烤 10 分钟。
3. 菠菜洗净切段。取汤锅，水开后加入菠菜烫熟，取出挤干，再切成细末。核桃压碎，与菠菜末一起拌入五谷饭中。
4. 将烤好的脆丝部分包入饭团中，外围包 1 片海苔片即可。

鲜果汤（无油）| 分量：1 人份 |

食材

香菇 15 克、姜末 2 克、胡萝卜 10 克、苹果 10 克、水 300 毫升。

调味料

盐适量。

做法

1. 香菇洗净切片。胡萝卜洗净切丁。苹果洗净去皮切丁。
2. 香菇干煎至微卷后，加 300 毫升水、姜末、胡萝卜丁、苹果丁，加盐适量，加盖煮 5 分钟即可。

❤ 温馨提示

· 香菇干煎（无油）就会散发出菇类特有的香气，不需要用油煎就很香了哦！

营养分析	
热量（大卡）	125.4
糖类（克）	27.6
蛋白质（克）	3.7
脂肪（克）	0.2
钠（毫克）	22.0

分量：1人份

食谱8
把不爱吃的食材
变好吃
（2~3岁）

01

山药莲子粥（无油）

食材

白米饭或糙米饭 40 克（约 $\frac{1}{4}$ 碗）、山药 40 克、
新鲜莲子 12.5 克、枸杞 1 克、水 300 毫升（2 杯）。

调味料

红糖少许。

做法

1. 山药洗净去皮，切小丁。莲子洗净去心，切为 4 块。
   枸杞洗净泡水。

2. 将白米饭或糙米饭放入锅中，加入山药丁、莲子丁、2
   杯的水，将所有食材稍微混匀，放入煮锅中煮（加水
   量依个人口感喜好而定）。

3. 煮好后盛出，加入少许的红糖调味，再加入水泡后的
   枸杞即可。

💜 **温馨提示** --------------------------------

· 购买莲子时，需确定莲子是否为新鲜莲子，以及有无
  去心。莲子需去心，否则会有苦的口感。若担心莲子
  太硬，可先浸泡约 30 分钟再加入粥中一起熬煮。

· 若孩子真的不喜欢山药脆脆的口感，妈妈们可考虑将
  山药磨成泥状后，再加入粥中烹煮。

· 可加入少许红糖来增加味道（甜粥）。但若想于早
  餐时烹煮此粥，则建议不加红糖，可改加盐，煮成
  咸粥。

营养师小叮咛

· 此道粥品烹调方法简
  单方便，故建议妈妈
  可将此当作孩子的早
  餐或午点。

· 因为山药为黏稠状，
  许多孩子不喜欢。而
  将山药与粥一起煮，
  除了可去除黏稠的特
  性外，也可提升粥品
  的营养价值。

Good 营养分析

热量（大卡）	252.0
糖类（克）	26.7
蛋白质（克）	2.5
脂肪（克）	15.5
钠（毫克）	2.0

分量：1人份

02

（可少油）青椒天妇罗

食材

1. 青椒 45 克、少许植物油。

2. 天妇罗面衣：低筋面粉 25 克、团粉[①] 5 克、冰水 33 克、番茄 5 克。

调味料

盐少许。

做法

1. 青椒洗净去籽，切成条状。

2. 制作天妇罗面衣：将低筋面粉、团粉及盐放入碗中混合均匀；番茄洗净后压成泥状；用冰水将番茄泥及拌好的粉末搅拌均匀成面糊状即可。

3. 将青椒沾上调制好的天妇罗面衣。

4. 锅中倒入少许植物油，开中小火，热油锅，等油锅热至木筷子放入一点点会起泡，或放入少许面糊会马上膨胀的程度。

5. 放入青椒，一面炸至金黄，翻面再炸，用中火炸 3～4 分钟捞起，再用大火炸 1 分钟至酥脆即可。

♥ **温馨提示**

· 为增加青椒天妇罗味道的多元性，可于面衣中加入番茄泥，番茄泥的酸甜味与青椒的涩味搭配起来极为契合。若年龄较大的孩子喜欢番茄酱，妈妈也可于面衣中加入少许番茄酱取代番茄泥。

· 炸起来后的青椒天妇罗，如果家里有烤箱，也可放入温热的烤箱稍微烤一下，有滤油功效。

① 即马铃薯淀粉，部分地区也称太白粉。

营养师小叮咛

· 此道菜肴主要是以油炸的方式烹调，属于油脂含量较高的烹调法。故若有准备此道菜肴，那么当餐的另外几道菜，请以少油的方式烹调（如水煮、蒸、烫、凉拌），以避免当餐摄取过多的油脂。

171

营养分析

热量（大卡）	181.1
糖类（克）	11.9
蛋白质（克）	7.4
脂肪（克）	12.9
钠（毫克）	73.0

分量：2 人份

食材

白玉苦瓜 40 克、胡萝卜 10 克、干香菇 1 小朵、传统豆腐 80 克、植物油 10 克。

调味料

白味噌 0.5 克、赤味噌 1 克、团粉 5 克。

做法

1. 白玉苦瓜洗净去籽切小丁。胡萝卜洗净去皮切小丁。干香菇泡软后切小丁。
2. 取一汤锅，放入白玉苦瓜丁、胡萝卜丁，用沸水煮软，取出放凉。
3. 热锅，放入 5 克油，至油热后，放入香菇丁炒香，再加入煮软的胡萝卜丁、白玉苦瓜丁略炒，起锅放凉备用。
4. 将豆腐捣碎，并加入做法 3 的食材及白味噌、赤味噌、团粉拌匀。
5. 热锅，放入 5 克油，至油热后转小火，放入做法 4 的食材，将食材稍微压平，煎至一面金黄后，翻面再继续煎熟。
6. 两面煎黄后，即可起锅摆盘。

食谱 8
把不爱吃的食材变好吃
（2～3 岁）

03

苦瓜豆腐煎

♥ **温馨提示**

· 爆炒顺序，建议以香菇丁为先，爆炒出香味后，再加入已煮软的胡萝卜丁、白玉苦瓜丁。

· 因豆腐本身有水分，故团粉不需加水，可直接加入捣碎的豆腐中拌匀。

· 若煎时豆腐太大，不好翻面，建议可先用汤匙挖成小团，分批放入锅中压平再煎。

营养师小叮咛

· 白味噌有甜味，赤味噌有咸味。若孩子不太喜欢甜味，建议妈妈可以全部改以赤味噌调味。另外，因已放入具有咸味的赤味噌，故不需再加盐。

营养分析

热量（大卡）	294.1
糖类（克）	25.9
蛋白质（克）	9.9
脂肪（克）	18.0
钠（毫克）	158.0

分量：1 人份

食材

圆白菜 15 克、茄子 30 克、胡萝卜 5 克、干香菇 2 小朵、传统豆腐 80 克、市售云吞皮（大）4 片、植物油 5 毫升（不含炸油）。

调味料

盐少许。

做法

1. 圆白菜洗净切碎。香菇泡软切小丁。胡萝卜洗净去皮后切小丁。茄子洗净后，切成小滚刀状。豆腐捣碎。
2. 取一汤锅，水煮沸后，先放入胡萝卜约烫 3 分钟，再放入茄子，烫煮至茄子微变色即捞起。
3. 热锅加入植物油，油热后放入香菇丁炒香，再加入胡萝卜丁、圆白菜、茄子略炒，并加盐调味拌炒约 1 分钟，起锅待凉后，再加入捣碎的豆腐，一起拌匀。
4. 将做法 3 的食材分为 4 等份，分别包入市售云吞皮中。
5. 锅中倒入油，开中小火，等油锅热了（至木筷子放入一点点会起泡的程度），放入紫金元宝，一面炸黄了，翻面再炸（小火炸 3 ~ 4 分钟即可捞起）。

食谱 8
把不爱吃的食材变好吃
（2 ~ 3 岁）

04

紫金元宝

（可少油）

营养师小叮咛

· 此道菜肴属于油脂含量较多的烹调法，故建议当餐的另外几道菜要以少油的方式烹调（如水煮、蒸、烫、凉拌），以避免当餐摄取过多的油脂。

· 可将此道菜肴的烹调方式改为蒸或水煮，除容易入口外，也可将热量降低为 161 大卡。

· 因含有全谷杂粮类、豆制品、蔬菜及油脂，故除了可当作配菜外，妈妈们也可考虑将其当作孩子的点心。

❤ **温馨提示**

· 爆炒顺序，建议以香菇丁为先，爆炒出香味后，再加入圆白菜及已煮软的胡萝卜丁、茄子。

· 油炸时，务必以小火炸，同时不断翻面，才不会造成紫金元宝外观太焦但内部未熟。

营养分析	
热量（大卡）	284.7
糖类（克）	25.4
蛋白质（克）	13.9
脂肪（克）	15.9
钠（毫克）	437.0

食谱 8
把不爱吃的食材
变好吃

（2～3岁）

05

魔法锦囊

食材

西洋芹 35 克、干香菇 2 朵、胡萝卜 15 克、传统豆腐 60 克、三角寿司腐皮 7 小片、植物油 5 克。

调味料

盐少许、赤味噌 0.5 克。

做法

1. 干香菇泡软，去蒂，切小丁。豆腐捣碎。西洋芹去叶，洗净后切小丁。胡萝卜去皮，洗净后切小丁。

2. 取一汤锅，水煮沸后，将西洋芹丁、胡萝卜丁放入煮 3～5 分钟，捞起。

3. 热锅，放入植物油，待油热，放入干香菇炒到香味出来后，再放入已煮软的西洋芹丁、胡萝卜丁，并同时加入少许盐调味，拌炒 1～2 分钟，起锅备用。

4. 将捣碎的豆腐与做法 3 食材搅拌混匀后，包入寿司腐皮中。

5. 将包好的魔法锦囊依序放入烤箱，并于包馅处涂上少许赤味噌，中火烤 15 分钟后即可取出。

♥ **温馨提示** -

1. 西洋芹、胡萝卜，都有孩子可能不喜欢的味道。若将其切小丁，并用沸水煮过，则其特殊味道会消失。建议在烹调有特殊味道的食材时，可考虑先用沸水煮（若觉得煮过的水倒掉可惜，可拿来当高汤使用）。

2. 有些孩子不喜欢味噌的发酵味，而此道菜肴使用的是寿司腐皮，故也可不涂抹味噌，直接食用。

营养师小叮咛

· 寿司腐皮属高油脂的食材，故建议当餐的另外几道菜要以少油的方式烹调（如水煮、蒸、烫、凉拌）。

· "魔法锦囊"的精髓就在于把孩子不喜欢的食物"包"起来。因此，并不一定要使用高油脂类的市售寿司腐皮，可改以春卷皮、水饺皮、云吞皮等全谷杂粮类食材来搭配。烹调方式可用煮、蒸、煎等方式来取代烤。

食谱 9
营养点心
(2～3岁)

分量: 6～8杯（每2杯为1人份，可制3～4人份）

01 可可豆浆布丁

营养分析（1杯）

热量（大卡）	73.2
糖类（克）	9.2
蛋白质（克）	3.7
脂肪（克）	3.2
钠（毫克）	20
铁（毫克）	1.8
锌（毫克）	0.8
钙（毫克）	26.4
膳食纤维（克）	3.6

♥ 温馨提示

定形时，可以做任何您喜爱的图案，比如可把杯子斜放一边。

 营养师小叮咛

· 1杯可可豆浆布丁约含糖类 0.5 份及蛋白质 0.5 份。2～3岁幼儿若每日食用 2 次点心，每次可食用 2 杯（或可使用较大的杯子，每次制作共 3 杯，一次食用 1 杯）。

· 4～6 岁幼儿，每日 3 次点心中，每次可食用 1 杯可可豆浆布丁，再搭配上 1 片饼干，即可达到蛋白质摄取需求量。

食材

1. 可可粉 70 克（¹/₂ 米杯）、水 280 毫升、洋菜粉① 4 克。

2. 微甜的豆浆 280 毫升、洋菜粉 4 克。

做法

1. 洋菜粉加水拌匀，放置 7～8 分钟后，放入微波炉加热 1 分钟，或用小火加热 2 分钟，取出后再加入可可粉拌匀，倒入杯中，放入冰箱冷藏 2 小时定形。

2. 洋菜粉加豆浆拌匀，小火加热约 10 分钟，放凉至约 60 摄氏度备用。

3. 把做法 2 食材倒入做法 1 食材的杯中，放入冰箱冷藏约 2 小时，即可品尝。

① 洋菜粉是一种粉状食材，又称琼脂、冻粉、燕菜精等，原料是一种叫作石花菜的海藻（属红藻）。

食谱 9
营养点心
（2～3岁）

02 **田园蔬菜卷佐菠菜核桃酱**

食材

1. 蔬菜卷：红、黄、紫萝卜各 65 克（各 1 条）、玉米笋 60 克（2 条）、秋葵 18 克（4 条）、原味海苔 1 片。

2. 酱汁：菠菜 15 克（1 小把）、熟核桃 20 克、和风酱油 1 茶匙、水果醋 2 茶匙、糖 $1/2$ 茶匙。

做法

1. 所有蔬菜洗净，切成细长条；入锅氽烫约 1 分钟后捞起，泡冰水备用。

2. 将海苔片剪成长条形，再卷入沥干的蔬菜条即可。

3. 制作酱汁：先将菠菜入锅氽烫 30 秒，再和所有酱汁材料一起放入调理机打匀即可。

♥ 温馨提示

1. 海苔卷入蔬菜条后，需尽早食用，避免软掉而影响口感。

2. 蔬菜可以替换，选择多种颜色，更能吸引孩子食用。

Good 营养分析（2 个）

热量（大卡）	94.3
糖类（克）	15.9
蛋白质（克）	2.9
脂肪（克）	1.8
钠（毫克）	103.0
铁（毫克）	1.0
锌（毫克）	0.7
钙（毫克）	67.2
膳食纤维（克）	4.9

 营养师小叮咛

• 2 个田园蔬菜卷含有 1 份糖类及将近 0.5 份蛋白质。2～3 岁幼儿，每日食用 2 次点心，每次可食用 2 个，再搭配半杯豆浆饮品。4～6 岁幼儿，每日食用 3 次点心，每次可食用 2 个。

• 此道点心非常清爽！不喜欢吃正餐及青菜的孩子，不妨试试这道点心以增加纤维摄取量。可依照孩子的咀嚼能力适当调整食物粗细。

食谱 9
营养点心
（2～3岁）

03 **芋丝海苔椒盐薯饼**

营养分析（4 个）

热量（大卡）	280.0
糖类（克）	18.0
蛋白质（克）	2.8
脂肪（克）	9.6
钠（毫克）	15.0
铁（毫克）	0.8
锌（毫克）	1.2
钙（毫克）	22.4
膳食纤维（克）	2.0

营养师小叮咛

· 2～3 岁幼儿，每日食用 2 次点心，每次食用 4 个，可摄取到约 1 份糖类及 0.5 份蛋白质，再搭配上半杯豆浆（0.5 份蛋白质），即达到一次点心建议摄取量。4～6 岁幼儿，每日食用 3 次点心，每次吃 4 个，即可达到一次点心建议摄取量。

食材

芋头 150 克、中筋面粉 20 克、蒸熟白藜麦 30 克（生重 12 克）、水 20 毫升、植物油 1 汤匙。

调味料

海苔粉 2 茶匙、熟白芝麻 10 克、盐 1/2 茶匙、白胡椒粉 1/2 茶匙（可省略）。

做法

1.芋头洗净去皮后刨成细丝。调味料拌匀。

2.白藜麦洗净置入蒸锅蒸熟。

3.将中筋面粉倒入盆中，再加入芋头丝和蒸熟的白藜麦及水拌匀后，分成小球状，约可做成 14 个。

4.热油锅，将芋头丝放入锅中煎至两面金黄取出，最后撒上调味料即可。

❤ 温馨提示

· 藜麦的口感香脆且有嚼劲，混入点心中一同食用，可增加饱足感，并能增加乐趣！

分量：6杯（每杯为1人份，可制6人份）

04 芋头紫薯西谷米（无油）

食材

芋头180克、紫薯80克、西谷米①20克、水600毫升。

调味料

糖30克。

♥ 温馨提示

• 紫薯含高量花青素，具有强抗氧化性，可搭配山药或栗子制作成西谷米，还能加入黑豆制作成紫薯黑豆浆。

营养分析（1杯）

热量（大卡）	78.8
糖类（克）	18.4
蛋白质（克）	1.0
脂肪（克）	0.3
钠（毫克）	2.0
铁（毫克）	0.4
锌（毫克）	0.8
钙（毫克）	8.4
膳食纤维（克）	0.9

做法

1. 将西谷米煮好备用。芋头、紫薯洗净削皮切丁。

2. 西谷米倒入容器中，加入冷水淹过它后再轻轻搅拌至均匀。烧一小锅热水，水开后将泡过水的西谷米倒入，煮30～45秒，待西谷米呈透明状即可捞起。

3. 将600毫升的水倒入锅中煮开，加入芋头丁和紫薯丁，转中小火，盖上锅盖，煮10～15分钟。

4. 加入西谷米及糖调味即可。

营养师小叮咛

• 1杯芋头紫薯西谷米含1份糖类，每日可食用2次，每次饮用1杯，再额外搭配1份豆制品，如无水卤豆干1块。4～6岁幼儿，每日食用3次，每次饮用1杯，再搭配半份蛋白质，如无水卤豆干半块。

① 西谷米又称小西米、西米露，产于南洋一带，是一种加工米，形状像珍珠，常用于做粥、羹、点心等食物。

食谱9
营养点心
（2～3岁）

分量：12个（每个为1人份，可制12人份）

05 **豆腐食蔬包**

营养分析（1个）

热量（大卡）	97.6
糖类（克）	15.0
蛋白质（克）	5.7
脂肪（克）	3.2
钠（毫克）	10.0
铁（毫克）	1.4
锌（毫克）	0.6
钙（毫克）	58.7
膳食纤维（克）	1.3

💛 **温馨提示**

· 面皮发酵时间取决于当日的天气温度，只要手指轻轻按压面团不会回弹回来即发酵完成。

营养师小叮咛

· 1个豆腐食蔬包含有1份糖类及将近1份蛋白质。2～3岁幼儿，每日食用2次点心，每次可食用1个。4～6岁幼儿，每日食用3次点心，每次可食用1个。

食材

1. 内馅：干香菇丝8克（4朵）、传统豆腐450克（1块）、胡萝卜末35克（1小条）、四季豆末100克、黑木耳丝65克（1大朵）、植物油1汤匙。

2. 面皮：全麦面粉88克、中筋面粉108克、盐 1/4 茶匙、天然酵母粉1茶匙、糖20克、冷压橄榄油1汤匙、无糖豆浆120毫升。

调味料

素蚝油、酱油膏、糖、白胡椒粉、香油少许。

做法

1. 起油锅，加入植物油，将豆腐煎至微金黄后切丝。依序加入干香菇丝、胡萝卜末、四季豆末和黑木耳丝炒香，再加入调味料炒均匀。

2. 将天然酵母粉用40摄氏度的水泡约10分钟。

3. 把全麦面粉、中筋面粉、盐、糖放入盆中拌匀后，加入泡好的酵母水搅拌，再加入冷压橄榄油和无糖豆浆，继续搅拌至面体光滑。

4. 将揉好的面团放至密闭的大玻璃盆中，发酵1～2小时。

5. 取出发酵好的面团进行分割整形（每颗约60克），擀平成面皮后包入馅料搓圆，约可做12个包子。

6. 将包好的包子置于馒头纸上进行二次发酵，静置30分钟左右。

7. 置入蒸笼中，用大火蒸25分钟即可。

**食谱 9
营养点心
(2～3岁)**

分量: 12 个（每 2 个为 1 人份，可制 6 人份）

06 豆腐燕麦蔬菜煎饼

食材

传统豆腐 450 克（1 盒）、煮熟燕麦米 80 克（生重 25 克）、香菇 2 朵、新鲜玉米粒 40 克、中筋面粉 25 克、3 汤匙植物油。

调味料

盐 1 茶匙、白胡椒粉 ½ 茶匙、香油 1 茶匙。

做法

1. 用厨房纸把豆腐多余的水分吸干后，加入熟燕麦米，用手动的易拉转打碎（也可直接用筷子或手搅拌碎）。

2. 香菇洗净切细末，加入玉米粒和面粉搅拌均匀，再加入调味料。

3. 将做法 1 食材和做法 2 食材拌匀。

4. 把调好的材料分成适口大小的球状（约可做成 12 个煎饼），放入油锅中，煎至两面金黄即可取出。

♥ 温馨提示

· 捏好的煎饼，放入锅中后不要随意翻动，煎至微黄时才可翻面，不然容易散落。

Good 营养分析（2 个）

热量（大卡）	209.3
糖类（克）	15.2
蛋白质（克）	8.0
脂肪（克）	10.8
钠（毫克）	34.0
铁（毫克）	1.9
锌（毫克）	0.9
钙（毫克）	107.0
膳食纤维（克）	1.7

营养师小叮咛

· 2～3 岁幼儿，每日食用 2 次点心，每次可食用 2 个，可摄取到 1 份糖类及 1 份蛋白质。4～6 岁幼儿，每日食用 3 次点心，每次摄取 2 个，则需在正餐减少半份蛋白质，如无水卤豆干半块。

· 全素食幼儿，钙质来源可改为添加了石膏（凝固剂）的传统豆腐，其钙质含量及吸收率较高。

食谱9
营养点心
（2～3岁）

分量：1杯（每杯为1人份，可制1人份）

07 奇亚籽水果布丁（无油）

 营养分析（1杯）

热量（大卡）	182.0
糖类（克）	13.9
蛋白质（克）	7.6
脂肪（克）	14.1
钠（毫克）	58.0
铁（毫克）	0.5
锌（毫克）	0.3
钙（毫克）	24.0
膳食纤维（克）	10.2

 营养师小叮咛

- 1杯含有约1份糖类及1份蛋白质。2～3岁幼儿，若每日食用2次点心，一次可食用1杯。4～6岁幼儿，每日食用3次点心，每次摄取1杯，则需在正餐减少半份蛋白质，如无水卤豆干半块。
- 若制作时选择添加坚果，可依幼儿的咀嚼及吞咽能力，将坚果切成适当大小，避免噎到。

食材

奇亚籽20克、含糖豆浆160毫升、坚果或水果（依个人喜好选择水果）。

做法

1. 奇亚籽稍微用饮用水冲洗干净后，加入豆浆拌匀，放入冰箱冷藏，隔日使用。
2. 将做法1食材放进杯内，再依个人喜好，加入坚果或水果即可食用。

♥ 温馨提示

- 喜欢口感较浓稠的孩子，也可借由增加奇亚籽的量（至40克）来增加浓稠度。

食谱 9
营养点心
(2 ~ 3 岁)

分量: 12 个（每个为 1 人份，可制 12 人份）

08 抹茶红曲藜麦馒头

食材

全麦面粉 88 克、中筋面粉 108 克、天然酵母粉 1 茶匙、糖 20 克、冷压橄榄油 1 汤匙、无糖豆浆 120 毫升、红藜麦 35 克、抹茶粉及红曲粉各 6 ~ 9 克。

调味料

盐 1/4 茶匙。

做法

1. 将天然酵母粉用 40 摄氏度的水泡约 10 分钟备用。

2. 将全麦面粉、中筋面粉及盐、糖放入盆中拌匀后，加入泡好的酵母水搅拌，再加入冷压橄榄油、无糖豆浆和红藜麦继续搅拌至面团光滑。

3. 将做法 2 的面团一分为二，一半加入红曲粉，另一半加入抹茶粉，分别揉成红面团和绿面团，放至密封的大玻璃盆中发酵 1 ~ 2 小时。

4. 取出发酵好的面团进行塑形，切成小等份的小面团（6 克/个），再将小面团搓成圆形。

5. 将做法 4 的小圆球置于馒头纸上排成圆形，放入蒸笼静置 30 分钟左右开火，用中火蒸 20 分钟后即可。

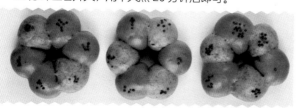

♥ 温馨提示

· 发酵时间取决于当日温度，可用手轻按面团，若不会回弹，即发酵完成。

· 如要做成粉红色，则红曲粉的量可由 12 克开始添加，若要做成大红色，可添加至 18 克。

 **营养分析（1 个）**

热量（大卡）	82.3
糖类（克）	15.4
蛋白质（克）	2.9
脂肪（克）	1.4
钠（毫克）	9.0
铁（毫克）	0.5
锌（毫克）	0.3
钙（毫克）	11.5
膳食纤维（克）	1.4

营养师小叮咛

· 每个共含 1 份糖类及 0.5 份蛋白质。2 ~ 3 岁幼儿，每日若食用 2 次点心，每次可食用 1 个，再额外搭配半杯豆浆。4 ~ 6 岁幼儿，每日可食用 3 次点心。

· 制作时，除了使用安全放心的抹茶粉及红曲粉外，也可选择自制蔬菜粉，如南瓜粉、紫薯粉、胡萝卜粉等。

食谱 9
营养点心
（2～3岁）

分量：8支

09 芝麻奇亚籽棒棒糖

营养分析（1支）

热量（大卡）	122.7
糖类（克）	2.0
蛋白质（克）	3.7
脂肪（克）	11.5
钠（毫克）	3.0
铁（毫克）	1.8
锌（毫克）	5.0
钙（毫克）	88.6
膳食纤维（克）	3.8

营养师小叮咛

· 每支含 0.5 份蛋白质。2～3岁幼儿，若每日食用 2 次点心，每次可食用 2 支。4～6 岁幼儿，若每日食用 3 次点心，每次可食用 1 支。食用 1 支棒棒糖，可摄取到 88.6 毫克钙质。

· 每 100 克奇亚籽含 15.6 克蛋白质、30.8 克脂肪、38 克的膳食纤维。泡水后产生的可溶性纤维具有调节肠胃道机能的作用。

食材

黑白芝麻各 50 克、奇亚籽（45 克）、糖 20 克、油 1 汤匙、水 2 汤匙。

做法

1. 黑白芝麻放入烤箱，以 160 摄氏度烤 4 分钟，重复 2 次，至有香气。

2. 将水和糖用小火煮沸后，持续搅拌煮至金黄色（将糖浆滴一小滴在冷水里，若糖浆变硬即可关火）。

3. 加入油拌匀后，再加入烤好的黑白芝麻和奇亚籽，需快速拌匀并趁微温时进行塑形。

♥ 温馨提示

· 塑形时，可将拌匀后的半成品放置在烤盘纸上压成长方形，或做成圆球状或其他形状。

食谱 9
营养点心
（2～3岁）

分量：8 杯（每杯为 1 人份，可制 8 人份）

⑩ **红豆薏仁西谷米**（无油）

食材

红豆 80 克（¹/₂ 米杯）、薏仁 40 克（¹/₄ 米杯）、水 2000 毫升、糖 40 克、西谷米 10 克。

做法

1. 红豆和薏仁洗净，加入 2000 毫升的水，用压力锅煮熟。

2. 西谷米倒入容器中，加入冷水淹过它后，轻轻搅拌至均匀。烧一小锅热水，水沸腾后将泡过水的西谷米倒入，煮 30～45 秒，待西谷米呈透明状即可捞起，放入白开水中。

3. 将做法 1 煮好的红豆薏仁取出，加入糖，再放入调理机里打碎，倒入杯中，再加入适量的西谷米即可。

💛 **温馨提示**

· 红豆和薏仁除可用压力锅煮外，亦可用普通煮锅煮。

Good 营养分析（1 杯）

热量（大卡）	72.4
糖类（克）	15.6
蛋白质（克）	2.8
脂肪（克）	0.4
铁（毫克）	0.9
锌（毫克）	0.5
钙（毫克）	9.8
膳食纤维（克）	2.0

 营养师小叮咛

· 1 杯红豆薏仁西谷米含有 1 份糖类及将近 0.5 份蛋白质。2～3 岁幼儿，若每日食用 2 次点心，每次可饮用 1 杯，再额外增加半杯豆浆。4～6 岁的孩子，若每日食用 3 次点心，每次可饮用 1 杯。

· 幼儿食欲不佳时，不妨制作简单又营养的红豆薏仁西谷米来促进食欲。

食谱 9
营养点心
(2～3岁)

11 红扁豆山药粥佐海苔酱

营养分析（1 碗）

热量（大卡）	105.4
糖类（克）	19.3
蛋白质（克）	5.9
脂肪（克）	1.5
钠（毫克）	20.0
铁（毫克）	1.1
锌（毫克）	0.7
钙（毫克）	7.3
膳食纤维（克）	3.4

♥ 温馨提示

· 山药煮的时间
长短可依据个
人的口感调整。

红扁豆山药粥（无油）

食材

红扁豆 80 克、胚芽米 20 克、山药 180 克、水 1000 毫升。

做法

1. 将红扁豆、胚芽米洗净后，放入冰箱冷冻 2 小时。

2. 山药洗净去皮切小丁。

3. 将做法 1 食材放入煮锅中，加入 1000 毫升的水煮沸后，
转小火煮约 20 分钟，再加入山药丁煮 10 分钟左右即可。

海苔酱

食材

原味海苔片 2 大片、熟的白芝麻 10 克。

调味料

黑豆酱油 1 茶匙。

做法

1. 用小火快速把海苔片两面各烤约 5 秒去除多余水分。

2. 海苔捏碎后，再加入熟的白芝麻和黑豆酱油，拌匀即可。

营养师小叮咛

· 1 碗红扁豆山药粥约含有
1 份糖类及 1 份蛋白质。
2～3 岁幼儿，若每日食
用 2 次点心，每次可食用
1 碗。4～6 岁幼儿，若
每日食用 3 次点心，每
次可食用 1 碗。

· 红扁豆营养成分丰富，
但含有皂素及植物凝集素，
不可生吃，必须煮熟后
才可食用。

食谱 9
营养点心
（2~3岁）

分量：8卷（每卷为1人份，可制8人份）

12 食蔬豆皮卷

营养分析（1个）

热量（大卡）	80.8
糖类（克）	14.3
蛋白质（克）	3.4
脂肪（克）	1.2
钠（毫克）	37.0
铁（毫克）	0.6
锌（毫克）	0.3
钙（毫克）	21.5
膳食纤维（克）	0.6

食材

中筋面粉 150 克、水 180 毫升、熟黑芝麻 60 克、豆皮 15 克（半片）、黑木耳 150 克（3 朵）、胡萝卜 35 克（1 小条）、香菜 1 小把、植物油适量。

调味料

盐 $1/2$ 茶匙、白胡椒粉少许、黑豆酱油 $1/2$ 茶匙、糖 $1/2$ 茶匙、黑醋 $1/2$ 茶匙。

营养师小叮咛

•1 个食蔬豆皮卷含 1 份糖类及 0.5 份蛋白质。2~3 幼儿，若每日食用 2 次点心，每次可食用 1 个，再搭配半杯豆浆。4~6 岁幼儿，若每日食用 3 次点心，则可每次食用 1 个。

做法

1. 中筋面粉放入盆中，加入盐和 10 克熟黑芝麻拌匀后，再加入水拌匀成面糊，静置 10 分钟。

2. 用小火加热锅，把静置好的面糊用大汤匙舀一瓢放入锅中，用刷子均匀抹成薄片圆形，等面皮旁边翘起时即可翻面，约再烘 1 分钟即成饼皮。

3. 起油锅，用中小火把豆皮煎至些许金黄，撒上少许盐提味，切细条。

4. 黑木耳和胡萝卜洗净切细丝，分别入锅炒香后，加上少许黑豆酱油和白胡椒粉。

5. 50 克的熟黑芝麻用调理机打匀后，加入黑豆酱油、糖、黑醋调匀，即可成为黑芝麻酱。

6. 饼皮涂上黑芝麻酱，再放入豆皮丝、黑木耳丝、胡萝卜丝和香菜，卷成一卷即可。

食谱 9
营养点心
(2～3岁)

分量: 8 个（每个为 1 人份，可制 8 人份）

(13) 椒盐菇菇米堡

营养分析（1 个）

热量（大卡）	77.5
糖类（克）	22.3
蛋白质（克）	3.3
脂肪（克）	3.3
钠（毫克）	3.0
铁（毫克）	0.7
锌（毫克）	0.6
钙（毫克）	26.3
膳食纤维（克）	2.1

食材

杏鲍菇 100 克（2 条）、美生菜[①]（生菜）30 克（1 小把）、红藜麦 80 克、寿司米 160 克、中筋面粉少许、植物油 2 汤匙。

调味料

椒盐粉适量、盐少许。

做法

1. 米和红藜麦洗净，用电饭煲煮熟备用。

2. 杏鲍菇洗净撕成小条状，裹上些许中筋面粉，起油锅（约 120 摄氏度），将小条状杏鲍菇炸至些许金黄后捞起，再撒少许椒盐粉备用。

3. 取做法 1 食材拌入少许盐，捏成米汉堡状，再铺上杏鲍菇和美生菜（生菜）即可。

① 美生菜，又称西生菜，是生菜的一种，因从西方引进而得名。
② 手指食物，即可用手指直接抓取、不易散开的食物。

♥ 温馨提示

· 若使用含内锅和外锅的电锅煮饭，可在内锅加 1.5～2 米杯的水，外锅放 1 米杯的水。

营养师小叮咛

· 1 个椒盐菇菇米堡约有 1 份糖类及 0.5 份蛋白质。2～3 岁幼儿，若每日食用 2 次点心，每次可食用 1 个，再加上半杯豆浆。4～6 岁幼儿，若每日食用 3 次点心，每次可食用 1 个。

· 此米堡除了适合幼儿野餐时携带外，也能作为较小月龄孩子的手指食物②。

食谱9
营养点心
(2~3岁)

分量：4块

14 **无水卤豆干**①

营养分析（1块）

热量（大卡）	69.6
糖类（克）	2.6
蛋白质（克）	7.0
脂肪（克）	3.5
钠（毫克）	429.0
铁（毫克）	2.0
锌（毫克）	0.8
钙（毫克）	99.0
膳食纤维（克）	0.8

💜 **温馨提示**

·冷热皆可食。可额外搭配海带或卤花生，以摄取到蔬菜及丰富的不饱和脂肪酸，为健康加分。

营养师小叮咛

·每块豆干含蛋白质1份。2~3岁幼儿，若每日食用2次点心，每次食用1块，可再额外加上一个拳头大小的餐包。4~6岁幼儿，若在三正餐中已达到足够蛋白质摄取量，则每日3次点心中可每次食用半块豆干，并加上一个拳头大小的餐包。

·豆干是由豆腐脱水再制而成的，故钙含量及热量比豆腐高，铁质含量也较高哦！

食材

白豆干或五香豆干280克（4块）、植物油2汤匙、水适量。

调味料

盐1茶匙、黑豆酱油2汤匙、黑豆酱油膏1汤匙、糖少许、姜1小块、八角2颗、陈皮1小块、甘草1片、桂枝少许（不加亦可）。

做法

1.白豆干或五香豆干切小块。

2.加1茶匙盐于水中煮沸，加入豆干煮2分钟后捞起。

3.起油锅，把姜片用小火爆香后，加入八角、陈皮、甘草和桂枝稍微翻炒，再加入糖和黑豆酱油略翻炒，最后加入豆干拌炒。

4.豆干拌炒后，每20分钟左右翻一次，小火焖煮约2小时至入味（无需加水）。再加入黑豆酱油膏拌匀，即可上桌品尝了。

———————

① 对幼儿来说，豆干可能较重口味，建议酌情食用。

食谱 9
营养点心
(2～3岁)

15 燕麦黑糖糕（无油）

营养分析（1个）

热量（大卡）	82.9
糖类（克）	15.2
蛋白质（克）	1.7
脂肪（克）	1.8
钠（毫克）	16.0
铁（毫克）	0.8
锌（毫克）	0.3
钙（毫克）	27.9
膳食纤维（克）	1.0

营养师小叮咛

- 每个燕麦黑糖糕含有1份糖类。2～3岁幼儿，若每日若食用2次点心，每次可食用1个，并搭配1杯豆浆。4～6岁幼儿，若每日食用3次点心，每次可选择1个，再搭配半杯豆浆。

- 燕麦为含铁质丰富的食材，除了能补足孩子整日活动后的热量需求，还可额外提供0.8毫克铁质。

食材

燕麦粒140克（1米杯）、莲藕粉70克（½米杯）、黑糖70克（½米杯）、冷水375毫升、炒熟的花生粒或炒熟的白芝麻30克。

做法

1. 先将燕麦粒洗净，再用375毫升的水泡4小时。

2. 将莲藕粉、黑糖加入做法1食材，用调理机打碎成米浆。

3. 将米浆放入蒸锅蒸熟，放凉，切成适口大小。

4. 将花生粒打碎或直接使用白芝麻粒，撒在黑糖糕上即可。

♥ 温馨提示

- 可以用孩子喜欢的水果来装饰，以吸引孩子食用。

食谱 9
营养点心
(2～3岁)

分量：8 碗（每碗为 1 人份，可制 8 人份）

16 绿豆山药粥（无油）

食材

绿豆 160 克、胚芽米 80 克、水 4000 毫升、山药 120 克。

调味料

盐 1/2 茶匙。

做法

1. 胚芽米和绿豆洗净，加入适量水煮成粥。

2. 山药洗净去皮切小丁，放入做法 1 煮好的粥拌匀，加盐调味后盖上锅盖，焖 15 分钟即可。

♥ 温馨提示

· 山药外皮含有植物碱，容易使皮肤过敏发痒，可戴上手套，并在细流水下削皮；若没有立即烹煮，可先浸泡在盐水中避免氧化。

 营养分析（1 碗）

热量（大卡）	118.1
糖类（克）	23.0
蛋白质（克）	5.8
脂肪（克）	0.4
钠（毫克）	26.0
铁（毫克）	1.2
锌（毫克）	0.8
钙（毫克）	23.3
膳食纤维（克）	3.5

营养师小叮咛

· 1 碗含有约 1 份糖类及将近 1 份蛋白质。2～3 岁幼儿，若每日食用 2 次点心，每次可食用 1 碗。4～6 岁幼儿，若每日食用 3 次点心，每次食用 1 碗，需在正餐扣除半份蛋白质，如无水卤豆干半块。

· 绿豆在食物分类上虽为全谷杂粮类，实际上也是富含蛋白质的食物。建议素食幼儿多选择豆科植物，以增加含蛋白质食物的丰富性。

食谱 9
营养点心
（2～3岁）

分量：3 碗（每碗为 1 人份，可制 3 碗）

17 **翡翠燕麦汤**

Good 营养分析（1 碗）

热量（大卡）	185.9
糖类（克）	17.4
蛋白质（克）	6.8
脂肪（克）	15.7
钠（毫克）	2.0
铁（毫克）	1.6
锌（毫克）	1.1
钙（毫克）	29.8
膳食纤维（克）	5.0

营养师小叮咛

- 含约 1 份糖类及 1 份蛋白质。2～3 岁幼儿，若每日食用 2 次点心，每次可食用 1 碗。4～6 岁幼儿，若每日食用 3 次点心，每次食用 1 碗，需在正餐扣除半份蛋白质，如无水卤豆干半块。

- 燕麦铁质含量高，翡翠燕麦汤 1 碗含有 1.6 毫克铁质，可增加全素孩子的铁质摄取。

食材

青豆仁 150 克、煮熟的燕麦米 80 克、熟核桃 25 克、热开水 400 毫升、植物油少许。

调味料

盐 $1/2$ 茶匙、白胡椒粉少许。

做法

1.热锅，加入少许油将青豆仁炒熟备用。

2.将炒熟的青豆仁、熟的燕麦米、熟核桃、热开水、盐和白胡椒粉放入调理机打匀即可。

♥ **温馨提示**

- 核桃不需全部打碎，可留 1～2 颗压碎后撒在汤上，能增加口感及香气。

食谱9
营养点心
(2~3岁)

分量：20人份

18 燕麦杏鲍菇油饭（含油较多）

Good 营养分析（1份）

热量（大卡）	103.6
糖类（克）	17.9
蛋白质（克）	2.2
脂肪（克）	2.4
钠（毫克）	22.0
铁（毫克）	0.4
锌（毫克）	0.3
钙（毫克）	3.1
膳食纤维（克）	0.8

♥ 温馨提示

·燕麦米及圆糯米制备较费时，因此一次可制备多些，除了可作为餐间点心外，也可取代正餐的全谷杂粮类。

 **营养师小叮咛**

·1份含有约1份糖类及将近0.5份蛋白质。2~3岁幼儿，若每日食用2次点心，每次可食用1份，再额外搭配水煮鹰嘴豆等作为配料。4~6岁幼儿，若每日食用3次点心，每次可食用1份。

食材

燕麦米1米杯（160克）、圆糯米2米杯（320克）、杏鲍菇1条、干香菇12克（6朵）、黑麻油2汤匙、植物油2汤匙。

调味料

姜5片、黑豆荫油膏2茶匙、酱油1茶匙、适量白胡椒粉。

做法

1.燕麦米洗净，泡水4~5小时。圆糯米洗净，泡水约2小时。

2.把泡好的燕麦米和圆糯米分别放入蒸锅（或蒸笼），用大火蒸25分钟（若使用含内锅和外锅的电锅，外锅需加1杯水，锅内加半杯水，不然米的口感会过硬）。

3.杏鲍菇洗净撕成细丝，热锅，加2汤匙植物油炒至金黄。香菇泡软洗净切丝。

4.小火将黑麻油和姜爆香，加入香菇丝炒香，再加入炒好的杏鲍菇丝拌炒。依序加入燕麦米和糯米，再加入黑豆荫油膏和酱油调味拌匀，起锅前加入适量的白胡椒粉即可。

食谱 9
营养点心
(2～3岁)

分量：5杯（每杯为1人份，可制5杯）

19 糙米坚果花生米浆（无油）

Good 营养分析（1杯）

热量（大卡）	109.0
糖类（克）	12.5
蛋白质（克）	3.0
脂肪（克）	5.9
钠（毫克）	1.0
铁（毫克）	0.4
锌（毫克）	0.5
钙（毫克）	17.3
膳食纤维（克）	1.1

营养师小叮咛

· 1 杯米浆含有约 1 份糖类及将近 0.5 份蛋白质。2～3 岁幼儿，若每日食用 2 次点心，则每次可食用 1 杯米浆，并在打米浆时，用无糖豆浆取代 1/4 量的水。4～6 岁幼儿，若每日食用 3 次点心，则可每次食用 1 杯。

食材

糙米 40 克、核桃 20 克、美国杏仁 20 克、黑金刚花生 20 克、水 3500 毫升、糖 25 克。

❤ 温馨提示

· 年纪较小的孩子，若无法一次喝这么多，可以在打米浆时，自行调整水量。

做法

1. 糙米洗净，泡水 2 小时。

2. 将核桃、美国杏仁和黑金刚花生放进烤箱，以 120 摄氏度烘烤约 15 分钟。

3. 将做法 1 及做法 2 食材加入 3500 毫升的水，用食物调理机打匀，入锅用小火加热煮开后拌糖即可。

食谱 9
营养点心
（2～3岁）

分量：8人份

20 鹰嘴豆牛油果三明治

食材

煮熟的鹰嘴豆180
克、牛油果180克
（约1颗）、新鲜玉米
粒30克、香菜少许、
切边大片吐司2片。

温馨提示

· 如果孩子不喜欢香菜，可省略之。
可额外加上花生酱，更添风味！
但需注意孩子是否对花生过敏。

· 可使用海苔片做造型，以提高
孩子食用点心的兴趣。

调味料

冷压橄榄油1茶匙、盐少许、黑胡椒 ¼ 茶匙、
柠檬汁1茶匙。

做法

1. 鹰嘴豆洗净后泡水约8小时，放入蒸锅蒸熟。

2. 新鲜的玉米粒用水汆烫后捞起放凉。香菜切细末。

4. 牛油果切开去籽放入盆中，依序加入鹰嘴豆、玉米粒及
  香菜捣碎，再加入所有调味料拌匀即成馅料。

5. 将馅料分成8份，每份放在 ¼ 片吐司上即成。

营养分析（平均每份馅料+¼ 片吐司）

热量（大卡）	148.4
糖类（克）	24.2
蛋白质（克）	6.3
脂肪（克）	4.4
钠（毫克）	57.0
铁（毫克）	1.4
锌（毫克）	0.8
钙（毫克）	25.6
膳食纤维（克）	4.5

 营养师小叮咛

· 每份鹰嘴豆牛油果三明治含1份糖类及1份蛋白质。2～3岁幼儿，若每日食用2次点心，每次可食用1份。4～6岁幼儿，若在三正餐中已达到足够蛋白质摄取量，则每日3次点心中，可将鹰嘴豆减少一半。

· 牛油果富含脂肪，除可帮助脂溶性维生素A、D、E、K的吸收外，同时也富含纤维，每分量可提供4.5克膳食纤维。

特别推荐 | 健康美味无油食谱

健康美味无油（少油）食谱集合

婴幼儿专属健康美味无油（少油）食谱